Gitte Härter

Kundenakquise

Wie Sie der Welt sagen,
dass es Sie gibt

POCKET BUSINESS

Die Internet-Adressen und -Dateien, die in diesem Buch angegeben sind, wurden vor Drucklegung geprüft (Stand 2008).
Der Verlag übernimmt keine Gewähr für die Aktualität und den Inhalt dieser Adressen und Dateien und solcher, die mit ihnen verlinkt sind.

Verlagsredaktion: Annette Preuß
Technische Umsetzung: Holger Stoldt, Düsseldorf
Umschlaggestaltung: Ellen Meister, Berlin
Titelfoto: © Barbara Penoyar / Getty Images

Informationen über Cornelsen Fachbücher und Zusatzangebote:
www.cornelsen.de/berufskompetenz

5. Auflage 2009

© 2008 Cornelsen Verlag Scriptor GmbH & Co. KG, Berlin

Druck: Druckhaus Berlin-Mitte

ISBN 978-3-589-23404-2

Inhalt gedruckt auf säurefreiem Papier aus nachhaltiger Forstwirtschaft.

Inhalt

Einführung

Sagen Sie der Welt, dass es Sie gibt!

Viele Selbstständige sind fachlich gut – versäumen es jedoch, ihre Leistungen aktiv zu vermarkten. Dadurch wird der Geschäftserfolg erheblich gebremst. Viele Existenzen krebsen finanziell dahin, oft über Jahre, oder scheitern letztlich ganz. Die Gründe sind vielfältig:

- Selbstständige kennen ihre Zielgruppe nicht bzw. nicht gut genug,
- sie haben keine Argumente, warum man ausgerechnet sie beauftragen sollte,
- sie sagen „der Welt" nicht, dass es sie (und ihre Leistungen) gibt,
- sie treten profillos auf bzw. haben kein klares Leistungsspektrum,
- der Unternehmensauftritt überzeugt nicht oder behindert das Geschäft sogar,
- sie haben eine Scheu vor Akquise.

Weitere häufige Gründe gegen ein aktives Akquirieren sind:

- keine Zeit (die aktuelle Auftragslage ist so gut, dass Zeit ein knappes Gut ist),
- kein Erfordernis (manchmal ist man auch über längere Phasen so ausgelastet, dass man gar nicht auf die Idee kommt, überhaupt akquirieren zu müssen),
- keine Regelmäßigkeit bzw. Kontinuität in der Akquise.

Für jedes Business ist es jedoch wichtig, aktives Selbstmarketing zu betreiben: Wer überzeugend auftritt, verkauft „sich" leichter.

Akquise ist viel mehr als Telefonanrufe oder Mailings – einen Plan haben, strukturiert vorgehen, hinter sich und der eigenen Leistung stehen und ein überzeugender Unternehmensauftritt sind wesentliche Bestandteile.

Darum ist dieses Buch in zwei Teile gegliedert. Teil 1 widmet sich den wichtigen Grundlagen:

◆ dem stabilen Fundament,
◆ Ihrem klaren Profil,
◆ dem überzeugenden Unternehmensauftritt,
◆ der Zielgruppe.

Die Kapitel 5-8 stellen den zweiten Teil dar, der sich mit den wichtigsten Akquisewerkzeugen beschäftigt und Ihnen eine Fülle praxisnaher Tipps an die Hand gibt.

Bitte nehmen Sie sich die Zeit, die zahlreichen Übungen und Fragen hier im Buch wirklich durchzuarbeiten!

1 Ein stabiles Fundament schaffen

Ausdauer, Beweglichkeit und konstruktive Selbstkritik

1.1 Jeder kann verkaufen

Erstaunlich viele Menschen behaupten von sich, kein guter Verkäufer zu sein. Zu dieser Selbsteinschätzung kommt es, weil das Bild vom guten Verkaufen verzerrt ist. Jeder von uns kennt Verkäufer und mischt die Eindrücke dieser Erfahrungen mit der eigenen Persönlichkeit und Vorlieben.

Manchmal begegnet man tollen Menschen, die einen sehr gut beraten und aktiv verkaufen: Der Verkäufer weiß Bescheid, kennt Produkt und Leistungen, versteht es, die richtigen Fragen an Sie zu stellen, um sich auf Sie und Ihre Bedürfnisse einzustellen, hat Ihnen zu und von anderen Dingen abgeraten und Sie sind zufrieden mit der Information oder mit Ihrem Kauf aus dem Gespräch gegangen. Vielleicht merkt man hinterher sogar, dass man mehr gekauft hat, als man wollte, aber man ist trotzdem glücklich, weil man es gern gekauft hat und mit jemandem zu tun hatte, der freundlich war, auf einen einging, der gut und aktiv beraten und argumentiert hat.

Auf der anderen Seite kennt jeder auch das Gefühl, wenn man mit einem Verkäufer der unangenehmen Sorte zu tun hat: wenn man sich bedrängt fühlt, mit leeren Phrasen zugeschüttet wird, das Gefühl hat, dass das Gegenüber nur auf den eigenen Vorteil bedacht ist. In solchen Fällen blockt man schnell ab und sucht das Weite. Der Verkauf polarisiert – und für viele Menschen ist ein negatives „Staubsaugervertreterklischee" damit verbunden: Kann ich nicht. Will ich nicht.

Wie überall gibt es gute und schlechte Vorbilder – auch im Verkauf. Orientieren Sie sich an den guten und angenehmen Verkäufern.

Gut verkaufen heißt:
◆ am Gegenüber und dessen Bedürfnissen interessiert zu sein
◆ gern mit Menschen zu tun zu haben
◆ gut und gern zu kommunizieren (keine Manipulation/ Taktik)
◆ Lösungen zu haben
◆ das Produkt/die Leistung wirklich gut zu kennen
◆ die eigenen Grenzen zu wissen und auch aufzuzeigen
◆ zuzugeben, wenn man etwas nicht weiß, sich aber um die Beschaffung der Antwort zu bemühen
◆ abzusagen, wenn man nicht das Gewünschte bieten kann, und idealerweise jemanden empfehlen, der es kann oder der weitere Informationen dazu bietet
◆ gut beraten zu können und sich Zeit dafür zu nehmen

Sie sind Spezialist in Ihrem Fachgebiet und Sie wissen, was Sie können – persönlich und fachlich. Ihr Angebot bringt Ihren Kunden einen Vorteil. Mit aktivem Selbstmarketing können Sie andere von diesem Vorteil profitieren lassen.

Übung

Machen Sie es sich gemütlich, nehmen Sie sich ausreichend Zeit und beantworten Sie einmal folgende Fragen:

◆ Was verbinde ich mit dem Wort „verkaufen"?

◆ Wie stehe ich dazu, selbst etwas zu verkaufen?

◆ Welche Eigenschaften hat ein guter und angenehmer Verkäufer?

◆ Welche Eigenschaften hat dagegen ein unangenehmer, schlechter Verkäufer?

◆ Wie schätze ich mich selbst ein: Inwiefern bin ich ein guter Verkäufer? Inwiefern bin ich eher mittelmäßig? Inwiefern bin ich meiner Ansicht nach ein schlechter Verkäufer?

◆ Verkaufe ich gern? Oder mittelmäßig? Oder gar nicht gern? Inwiefern?

Lassen Sie Ihre Ideen/Gedanken dazu einige Tage liegen. Nehmen Sie sich anschließend Ihre Aufzeichnungen in Ruhe noch einmal vor und filtern Sie heraus, welche Art von Verkäufer Sie gern sein möchten. Schreiben Sie Ihr Wunschprofil und Ihre Vorstellungen von einem angenehmen Verkäufer noch einmal separat auf. Dieses Profil ist erstrebenswert für Sie: Das ist Ihr Vorbild/Ihr Ziel!

Schreiben Sie sich außerdem alle Ihre Vorbehalte auf. Diese sind ebenfalls sehr wichtig und Sie sollten sie ernst nehmen: Was genau finden Sie nicht erstrebenswert, womit sind Sie unsicher? Was schreckt Sie ab? Diese Liste ist auch wichtig, um sich Ihrer Bremsen oder Vermeidungstaktik klar zu werden und Gegenmaßnahmen einzuleiten. Bedenken Sie:

Nur wer gerne verkauft, verkauft auch gut – und mühelos.

Für Ihre Akquise steht Ihnen ein breites Spektrum an Werkzeugen zur Verfügung, beispielsweise Telefonakquise ("Kaltakquise" zur Neukundengewinnung/Akquise zur Intensivierung bestehender Kundenbeziehungen), Werbeanzeigen, Mailings, Kundenbindungsprogramme/Aktionen, PR/Öffentlichkeitsarbeit, persönliches Kontaktknüpfen auf Messen/Veranstaltungen, Vorträge, persönliche Besuche bei Interessenten (Präsentationen, Angebote ...). Auf die wichtigsten gehen wir in den Kapiteln 5-8 ausführlicher ein.

Die Auswahl der jeweils sinnvollen Akquisewerkzeuge hängt davon ab:

- was Sie erreichen möchten
- welche Zielgruppe Sie ansprechen und auf welche Art diese am besten zu erreichen ist
- wie Ihr Budget aussieht (und damit ist nicht nur das finanzielle Budget, sondern auch Zeit und Energie gemeint)
- was Ihnen am besten liegt (ein wichtiger Aspekt, der jedoch nicht nur auf „mag ich/mag ich nicht" zu begrenzen ist, wie wir gleich sehen werden)

1.2   Akquise, die zu Ihnen passt

Ganz klar: Wenn man etwas nicht gern macht, dann wird man es auch auf ein Minimum reduzieren oder versuchen, es ganz zu vermeiden. Wenn man etwas jedoch gern macht, kann man es jederzeit mühelos unterbringen und hängt sich voll rein. Genauso ist es mit der Akquise.

Die selbstständige Innenarchitektin tut sich schwer mit dem Schreiben. Sie braucht ewig, um Briefe zu formulieren, und es stört sie, dass sie ihr Gegenüber nicht persönlich erlebt. Am liebsten knüpft sie persönliche Kontakte: Gern tritt sie auf Veranstaltungen auf das Podium und hält Präsentationen, um anschließend mit ihrem Publikum Geschäfte anzubahnen. Für viele Menschen wäre es wiederum ein Alptraum, sich vor 50 fremde Menschen zu stellen, um einen Vortrag zu halten.

Nun ist es jedoch nicht damit getan, einfach seine Vorlieben auszuloten und sich das herauszupicken, was man für Rosinen hält. Denn nur weil Ihnen eine Form der Akquise nicht besonders liegt, heißt das nicht, dass sie nicht sinnvoll ist. Gerade das, was Sie meiden, könnte genau der richtige Weg sein, um Ihr Geschäft auf Touren zu bringen.

Ausschlaggebend für die Art der Akquise sollte in erster Linie der Aufwand im Verhältnis zum zu erwartenden Ergebnis sein.

Wenn Sie ein Akquisewerkzeug nicht mögen, tun Sie sich den Gefallen und setzen sich konkreter damit auseinander, bevor Sie dieses Werkzeug völlig ungenutzt lassen.

Übung

Bitte halten Sie Schreibzeug bereit, während Sie dieses Buch lesen. Notieren Sie sich bei den einzelnen Akquise-werkzeugen, die wir später noch ausführlich besprechen, jeweils Ihre Gedanken dazu:

◆ Mag ich diese Form der Akquise/des Herangehens an (potenzielle) Kunden? Warum? Warum bin ich gut da-rin? Was könnte ich hier noch besser machen? Was möchte ich hierzu noch lernen?

◆ Vermeide ich diese Form der Akquise? Warum? Was müsste anders sein, damit ich mich damit wohler fühle?

◆ Habe ich diese Form der Akquise früher schon einmal genutzt bzw. ausprobiert? Mit welchem Ergebnis? Nut-ze ich sie immer noch? Mit welchem Erfolg? Habe ich völlig damit aufgehört? Weswegen?

Wichtig ist natürlich auch, dass Sie Ihre Fähigkeiten realistisch einschätzen. Wer zwar gern Fachartikel schreiben möchte, es aber nicht kann oder extrem viel Zeit dafür aufwenden muss, der tut sich damit keinen Gefallen. In solchen Fällen heißt es, Defizite auszugleichen und Kenntnisse/Fähigkeiten zu erler-nen – oder aber professionelle Dienstleister damit zu betrauen.

1.3   Gute Akquise muss nicht teuer sein

Gerade für kleine Unternehmen – insbesondere in den ersten Jahren der Selbstständigkeit – ist Geld ein großes Thema: Denn in der Regel ist es knapp. Daher überlegt man sich genau, wofür man Geld ausgibt. Bei der Akquise haben Sie niemals Garantien. Wenn Sie sich überlegen, ob Sie eine Anzeige schalten sollen, dann können Sie alle wahrscheinlichen Faktoren berücksichtigen und Annahmen darüber treffen, ob sich die Schaltung lohnen wird – doch letztlich bleibt es Spekulation. Deshalb ist ein wichtiger Grundsatz: Wägen Sie sorgfältig ab – aber gehen Sie auch (kalkulierte) Risiken ein! Insgesamt gilt: Beobachten und beweglich bleiben.

Gute Akquise hat nicht nur etwas mit Geld zu tun. Im Gegenteil: Meiner Erfahrung nach ist die wirkungsvollere Akquise die, in die man Zeit und Energie investiert – weil sie in der Regel nachhaltiger und inhaltsreicher ist als der bloße Kauf einer Anzeige oder das Verschicken großer Mengen an Mailings.

Das kleine Beratungsunternehmen hat von Anfang an auf kostenfreie Werbung gesetzt und sich vollkommen auf das Internet und auf Öffentlichkeitsarbeit gestützt. Ziel war es, schnell den Bekanntheitsgrad zu erhöhen, damit potenzielle Kunden und Medien aufmerksam werden und sich von sich aus melden. Diese Form der Akquise kostete kein Bargeld, war jedoch zeit- und arbeitsintensiv. Bereits nach dem ersten Jahr intensiver Öffentlichkeitsarbeit ging die Rechnung auf.

Bedenken Sie also: Erfolgreiche Akquise gibt es nicht umsonst. Sie erfordert eine Investition von Geld, von Zeit und von eigener Arbeitsleistung/Energie. Die Gewichtung hängt jeweils vom gewählten Akquise-Weg und den eigenen Fähigkeiten ab.

1.4 Akquise-Aktionen sinnvoll kombinieren und Ausdauer beweisen

Es kommt nicht nur darauf an, die vielversprechendste Methode zu wählen oder das Werkzeug, das einem am meisten liegt.

Da gute Akquise kontinuierlich erfolgen muss, ist es sehr wichtig, dass Sie die verschiedenen Werkzeuge sinnvoll miteinander kombinieren.

Wählen Sie aus den verschiedenen Akquise-Werkzeugen mehrere aus, die Sie für Ihre Zwecke nutzen können. Fahren Sie immer mehrgleisig.

Eine gute Planung ist auch eine flexible Planung, die Ihnen jederzeit auch Kurskorrekturen erlaubt. Wichtig ist, dass Sie keine vollständigen Akquisepausen einlegen. Sonst erleben Sie, was leider viele Selbstständige erleben: das Ende aktueller Aufträge und ein großes Loch, weil nicht rechtzeitig akquiriert wurde.

Ein weiterer wichtiger Aspekt bei der Akquise ist die Ausdauer. Ausdauer ist hier in zweifacher Bedeutung gemeint:

◆ „Dranbleiben", also niemals nur einen Akquise-Kontakt starten und bei Misserfolg sofort zu immer neuen potenziellen Kunden übergehen.

Viele Selbstständige schicken einen Brief oder tätigen einen einzigen Anruf. Wenn darauf keine Resonanz kommt oder abschlägig reagiert wird, gehen sie davon aus, dass „man" dort kein Interesse hat, und streichen dieses Unternehmen von ihrer Liste. So wird nach dem Gießkannenprinzip immer nur ein Versuch unternommen, anstatt zu versuchen, näher an die Empfänger heranzukommen, um herauszufinden, was genau der Grund für die Absage war. Oder auch, um das eigene Unternehmen dort bekannter zu machen und Vertrauen aufzubauen.

◆ Sich dessen bewusst sein, dass alle Akquise-Aktivitäten unterschiedliche Reaktionen und Möglichkeiten hervorbringen.

Eine Trainerin bekommt telefonisch einen Großauftrag auf Empfehlung einer freiberuflichen Texterin. Beim Zurückverfolgen stellt die Trainerin fest, dass der Kontakt zu dieser Texterin aufgrund einer Messe entstand, bei der sie vor zwei Jahren ausgestellt hatte. Da sie unmittelbar nach der Messe keinen Auftrag darüber erhalten hatte, dachte die Trainerin, dass der Messeauftritt seinerzeit herausgeworfenes Geld war. Tatsächlich hat sich nach so langer Zeit ein lukrativer Auftrag daraus ergeben.

Ideal: Weiterempfehlung & Co.

Eine Empfehlung ist das Beste, was Ihnen passieren kann. Sie können sehr viel dazu beitragen:

1. Bitten Sie aktiv um Weiterempfehlung: Warten Sie nicht darauf, dass Sie weiterempfohlen werden, sondern sprechen Sie Ihre Kunden und Geschäftspartner aktiv darauf an, mündlich oder schriftlich.

   Nach Abschluss eines Auftrages können Sie im Begleitbrief oder auch auf der Rechnung schreiben: „Herzlichen Dank für die nette Zusammenarbeit! Ich freue mich, wenn Sie mich weiterempfehlen."

2. Fragen Sie Ihre privaten und geschäftlichen Kontakte nach Personen und Unternehmen, die Ihre Leistung/Ihr Produkt brauchen können. Viele Menschen geben Ihnen – wenn sie zufrieden mit Ihnen waren und ein guter persönlicher Draht vorhanden ist – gern weitere Kontaktadressen. Wichtig: Erkundigen Sie sich bei einer Empfehlung danach, ob Sie als Türöffner den Namen Ihres Kontaktes nennen dürfen. Ungefragt sollten Sie das niemals tun, denn nicht immer ist es Leuten recht, dass man sie namentlich nennt.

3. Bedanken Sie sich immer sofort, wenn Sie weiterempfohlen werden, entweder mit ein paar freundlichen Worten oder auch mit einer kleinen Aufmerksamkeit. Fragen Sie deshalb auch Interessenten, die sich bei Ihnen melden, danach, wie sie auf Sie gekommen sind und von wem Sie empfohlen worden sind.

4. Überlegen Sie sich, inwiefern Sie Provisionsvereinbarungen treffen möchten. Gerade unter Selbstständigen werden oft Provisionsvereinbarungen getroffen, wenn erfolgreich

Aufträge vermittelt werden. Rechnen Sie durch, welche Form der Vereinbarung sich für Sie lohnt, und vereinbaren Sie gemeinsam, worauf sich die Provision genau bezieht, wenn ein neuer Kunde/Auftrag über einen Geschäftskontakt zustande kommt.

5. Geben Sie ausgewählten Multiplikatoren – privaten wie geschäftlichen – Ihre Visitenkarten zum Weitergeben.

6. Überlegen Sie, ob Sie Kontakte haben, bei denen sich Synergien ergeben können: Vielleicht können Sie Ihre Leistungen/Produkte so kombinieren, dass ein Zusatznutzen für Ihre Kunden entsteht, oder Sie können Aktionen für neue Zielgruppen gemeinsam durchführen.

7. Testimonials: Als „passive Empfehlung" können Sie Statements zufriedener Kunden in Ihre Werbemittel oder auf Ihrer Internetseite einbauen. Wichtig: Fragen Sie immer nach, ob Sie Testimonials (= Kundenaussagen) nutzen dürfen, ob Sie den vollen Namen, Firma, Ort nennen dürfen, ansonsten gefährden Sie eine bestehende Kundenbeziehung. Verwenden Sie nur aufrichtiges Feedback und erfinden Sie nichts.

8. Das Wichtigste: Kümmern Sie sich immer intensiv und persönlich um Ihre Kunden. Die beste Voraussetzung für aktive Empfehlung sind zufriedene Kunden, die aufrichtig begeistert von Ihnen und Ihrem Unternehmen sind. In einem solchen Fall ist man als Kunde froh und stolz, einen so guten Dienstleister oder Lieferanten zu haben, dass man gern im eigenen Umfeld aktiv darüber berichtet und gern weiterempfiehlt.

Auch aus eigener Erfahrung kann ich Ihnen bestätigen, dass viele gute Geschäftskontakte und Aufträge oft erst nach dem dritten oder vierten Nachhaken zustande kamen. Teilweise hatte ich es aufgegeben oder gar keine rechte Lust mehr, noch einmal nachzuhaken oder einen neuen Versuch zu starten.

Mit Körben umgehen

Egal, in welcher Form Sie akquirieren: Sie werden immer auch Körbe kassieren. Denn es kann sein, dass potenzielle Kunden

◆ Ihre Leistung/Ihr Produkt nicht oder momentan nicht brauchen,

◆ bereits mit einem anderen Unternehmen gut zusammenarbeiten und nicht wechseln möchten,

◆ Ihre Leistung/Ihr Produkt nicht gut finden,

◆ von Ihnen nicht überzeugt sind oder die Chemie nicht stimmt,

◆ momentan kein Budget für Ihre Leistung/Ihr Produkt haben,

◆ gerade keine Zeit dafür haben, sich mit Ihrem Angebot zu beschäftigen, weil wichtigere Dinge im Unternehmen anstehen usw.

Häufig sind auch schlechtes Timing oder mangelnde Informationen dafür verantwortlich, wenn die Akquise nicht auf fruchtbaren Boden fällt. Ihre Ansprechperson war vielleicht gerade mit etwas anderem beschäftigt und Ihr Mailing ist daher in den Papierkorb gewandert oder die Person, die Ihre Leistung abschmettert, ist gar nicht verantwortlich für den Bereich und kann nicht einschätzen, ob man Ihre Leistung/Ihr Produkt brauchen kann.

Erfolgreiche Selbstständige wissen, dass es zahlreiche Aspekte dafür gibt, dass man eine Absage bekommt.
Wichtig ist, dass Sie:

◆ die Situation näher analysieren,

◆ daraus lernen,

◆ wenn Sie die Gründe sicher kennen: etwas in Ihrem Auftreten/der Akquise verändern, so sich das anbietet,

◆ nicht in die Pauschalisierungsfalle treten.

Die Pauschalisierungsfalle

Damit ist ein Verallgemeinern einzelner Erfahrungen gemeint.

Sie richten beispielsweise ein Mailing an eine neue Branche, zwei Empfänger sagen ihnen am Telefon ab, weil man Ihr Angebot nicht braucht. Häufig tritt nun die Pauschalisierungsfalle in Kraft mit Reaktionen wie: „Die Branche xy brauche ich gar nicht mehr anzusprechen, weil MAN dort meine Leistung nicht braucht." Oder auch konkret bezogen auf die Akquiseaktion: „Ich brauche gar nicht mehr nachzutelefonieren, weil mir eh jeder absagt."

Alles, was mit „alle", „jeder", „niemand", „immer", „keiner" und ähnlichen Verallgemeinerungen zu tun hat, ist eine Pauschalaussage, die Ihnen mehr schadet als nützt.

Tun Sie sich den Gefallen und differenzieren Sie immer: Sehen Sie sich konkret an, womit Sie es zu tun haben, und brechen Sie einzelne Aussagen auf ihre Inhalte herunter.

Bleiben Sie auf jeden Fall am Ball! Das Wichtigste für Ihren Geschäftserfolg ist Ausdauer.

Auf den Punkt gebracht:

◆ Es ist Ihre Verantwortung, „der Welt" zu sagen, dass es Sie gibt, und ihr konkret mitzuteilen, was man von Ihrer Leistung/Ihrem Produkt hat.

◆ Gute Akquise muss nicht teuer sein, erfordert aber immer eine Investition an Geld, Zeit und Energie – in welchem Maße, das hängt vom gewählten Akquiseweg und Ihren Fähigkeiten ab.

◆ Es stehen Ihnen vielfältige Akquisewerkzeuge zur Verfügung: Wählen Sie sie besonnen aus im Hinblick auf Ihre Ziele, die anzusprechende Zielgruppe und auch Ihre persönlichen Fähigkeiten.

◆ Setzen Sie sich konkret mit Ihren Vorlieben und Vorbehalten auseinander, ergründen Sie sie näher und überlegen Sie, was sein müsste, damit Sie diese verbessern bzw. meistern. Gibt es Defizite, die Sie durch Trainings ausgleichen können?

◆ Kombinieren Sie verschiedene Akquise-Werkzeuge und fahren Sie mehrgleisig. Gute Akquise zeichnet sich durch Kontinuität aus.

◆ Drei der wichtigsten persönlichen Eigenschaften für Ihren Geschäftserfolg sind Ausdauer, Beweglichkeit und konstruktive Selbstkritik.

2 Ihr Profil

**Finden Sie Ihre Pluspunkte.
Und akzeptieren Sie Ihre Grenzen**

Bevor Sie sich aktiv selbst vermarkten können, ist entscheidend: Konkretisieren Sie Ihr Profil!

2.1 Selbst-sicher sein

Wissen Sie, wie gut Sie sind? Stehen Sie hinter Ihrem Können und Ihrem Leistungsspektrum? Können Sie klar benennen, was Sie tun und warum Sie gut darin sind? Und: Sind Sie selbstsicher genug, Ihre Grenzen zu kennen, sie zu akzeptieren und zuzugeben?
Ja, auch Letzteres ist ein sehr wichtiger Aspekt für Ihren glaubwürdigen Auftritt nach außen: Es gibt leider viele Selbstständige, die Aufträge auch dann annehmen, wenn sie sich nicht gut genug auskennen.

> Elementar für gutes Verkaufen ist, dass Sie hinter der Sache stehen und davon überzeugt sind. Und, dass Sie nur versprechen, was Sie auch halten können.

Sie profitieren davon, sich konkret Gedanken zu machen und diese auch in Worte zu fassen: Sind Sie zuversichtlich und wissen, was Sie können und wo Ihre speziellen Pluspunkte sind, dann hilft Ihnen das konkrete Hinterfragen dabei, ein klareres Profil zu schaffen. Vielleicht sind Sie aber nicht ganz so sicher in eigener Sache .... Wenn dem so ist: keine Sorge, das geht sehr vielen Menschen so.

Der selbstständige Grafiker ist durchaus zufrieden mit seiner Arbeit. Aber so wirklich kann er seine Leistungen nicht einschätzen. Vorrangig weil ihm vieles selbstverständlich scheint. Er fragt sich häufig, ob andere Grafiker nicht viel besser sind als er – noch kreativer, noch klarer bei Briefings und Kundenkontakt. Und vor allen Dingen: besser im Präsentieren.

Im ersten Kapitel haben wir bereits darüber gesprochen, wie wichtig es ist, von sich selbst und der eigenen Leistung überzeugt zu sein. Denn wer nicht voll hinter sich und seinem Unternehmen steht, der wird auch nicht überzeugend akquirieren können. Und hier ist mit Überzeugung nicht nur gemeint, was beim Gegenüber ankommt, sondern auch die eigene Überzeugung und damit auch der Antrieb, sich aktiv selbst zu vermarkten. In diesem zweiten Kapitel geht es nun darum, dass Sie Ihr Profil schärfen oder – wenn Sie sich bisher noch nicht strukturiert damit auseinander gesetzt haben – es überhaupt erst einmal schaffen.

Die folgenden Übungen und Fragen helfen Ihnen dabei, Ihre Situation und Ihr Profil zu erkennen und daran zu feilen. Das gelingt natürlich nur, wenn Sie sich tatsächlich die Zeit nehmen, sich damit auseinander zu setzen. Mein Tipp: Gehen Sie alle Fragen in Ruhe durch und machen Sie sich schriftlich Gedanken dazu. Sie werden sehen, dass sich vieles schon beim Schreiben klärt.

Übung

Soll- und Ist-Zustand: Zunächst ein paar Fragen, die Ihnen dabei helfen, sich zu positionieren:

◆ Beschreiben Sie Ihr Unternehmen/Ihre Leistung in einem einzigen Satz.

◆ Wie reden Sie über sich selbst: Vervollständigen Sie folgenden Satz: [Ihr Vorname Name] ist …

◆ Welche Vorteile/welchen Nutzen haben andere von meiner Leistung/meinem Produkt?

◆ Welche Mankos sehe ich:

- bei meiner Firma/meiner Leistungen/meinem Produkt?
- an meiner fachlichen Qualifikation?
- in puncto persönlicher Eigenschaften?

◆ Konkretisieren Sie die einzelnen Punkte, überlegen Sie sich Beispiele aus Ihrem beruflichen und privaten Alltag und konkretisieren Sie so a) den Auslöser und b) Ihre Vorbehalte oder Unsicherheiten.

◆ Überlegen Sie sich anschließend, wie Sie diese Mankos bzw. Ihre Einstellung dazu beheben können. Was müsste sein, damit Sie in dieser Beziehung sicherer werden?

◆ Fünf Eigenschaftswörter für Ihr Unternehmen:

- Lassen Sie Ihre bisherige Selbstständigkeit Revue passieren und finden Sie anschließend fünf Eigenschaftswörter, die Ihr Unternehmen so, wie es bisher ist, beschreiben.
- Überlegen Sie sich nun fünf Eigenschaftswörter, für die Ihr Unternehmen stehen soll.
- Sofern sich die Eigenschaften der beiden vorhergehenden Fragen unterscheiden: Welche Unterschiede sind das? Was genau steckt dahinter?
- Was müssten/möchten Sie verändern, um an die angestrebten Eigenschaften heranzukommen bzw. diese auch aktiv nach außen zu vermitteln?

◆ Da für Einzelunternehmen Ihre Person immer im Mittelpunkt steht, ist es wichtig, sich auch individuell Gedanken zu machen:

- Überlegen Sie sich fünf Eigenschaftswörter, die Sie persönlich charakterisieren.

- Legen Sie nun fünf Eigenschaftswörter fest, die für Sie stehen sollten: Womit möchten Sie gern in Verbindung gebracht werden? Wie möchten Sie wirken?

- Sofern sich die Eigenschaften der beiden vorhergehenden Fragen unterscheiden: Welche Unterschiede sind das? Was genau steckt dahinter?

- Was müssten/möchten Sie verändern, um an die angestrebten Eigenschaften heranzukommen bzw. diese auch aktiv nach außen zu vermitteln?

Übung

Ihr fachliches Profil:

◆ Welche Leistungen bieten Sie an bzw. welche Produktpalette/Services? Formulieren Sie so, dass auch ein Laie versteht, was genau gemeint ist.

◆ Notieren Sie mindestens 30 fachliche Stärken (wenn es mehr werden, umso besser). Beschränken Sie sich auf Ihre Selbsteinschätzung und fragen Sie noch niemanden aus Ihrem Umfeld.

◆ Welche Erfahrungen aus Ihrem bisherigen Leben (beruflich und privat) sind Ihnen für Ihren Beruf vorteilhaft und inwiefern?

◆ Auf welche fachlichen Erfahrungen, Kenntnisse und Fähigkeiten sind Sie besonders stolz und warum?

◆ Gibt es etwas, das Sie gern vertiefen bzw. zusätzlich lernen möchten? Warum brauchen Sie es? Mit welchen konkreten Schritten könnten Sie das in Angriff nehmen?

Übung

Ihr persönliches Profil:

◆ Notieren Sie mindestens 30 persönliche Stärken/Eigenschaften (wenn es mehr werden, umso besser). Beschränken Sie sich auf Ihre Selbsteinschätzung und fragen Sie noch niemanden aus Ihrem Umfeld.

◆ Auf welche dieser persönlichen Eigenschaften sind Sie besonders stolz und warum?

◆ Was kommt Ihnen eher normal und selbstverständlich vor – und warum? Überlegen Sie sich bei diesen „Selbstverständlichkeiten" auch einmal, wer von den Leuten aus Ihrem privaten und beruflichen Umfeld diese Fähigkeit nicht oder nicht so ausgeprägt hat. Setzen Sie sich gedanklich einmal ins Verhältnis, damit Sie einen besseren Eindruck dafür bekommen, wie Sie sich selbst einschätzen können.

Übung

◆ Sind Sie zufrieden mit sich a) persönlich und b) in Ihrem Fachgebiet? Inwiefern ja, inwiefern nein? Was müsste sein bzw. was wünschen Sie sich, um zufriedener und sicherer zu sein?

◆ Machen Sie sich auch Gedanken zu den Begriffen „Anerkennung", „Erfolge feiern", „weiterentwickeln", „Zufriedenheit mit der eigenen Leistung", „Ansprüche an mich selbst".

2.2   Warum sollte man mich beauftragen?

Das ist die zentrale Frage. Häufig fällt in diesem Zusammenhang die Abkürzung „USP" = Unique selling proposition. Dieser Begriff aus dem Englischen bedeutet „einzigartiges Verkaufs- bzw. Nutzenversprechen". Der Sinn dahinter ist der, Gründe für eine Zusammenarbeit zu schaffen, die unverwechselbar sind und die ein anderer Wettbewerber nicht in dieser Form bietet/bieten kann.

Tatsache ist, dass heutzutage die meisten Produkte/Dienstleistungen mehr oder weniger austauschbar sind. DIE Marktnische oder DAS neue Produkt oder DIE einzigartige Leistung ist kaum zu erreichen. Und das ist auch keineswegs nötig.
Bei Selbstständigen ist der USP die Person selbst! Auch wenn Sie eine Leistung/ein Produkt anbieten, so sind Sie als Person unverwechselbar.

Konzentrieren Sie sich auf Ihr individuelles Profil!

Natürlich ist es, unabhängig davon, durchaus wichtig, sich mit dem Leistungsspektrum auseinander zu setzen bzw. sein Produkt aktiv und individuell weiterzuentwickeln oder mit besonderem Service zu kombinieren. Auch das birgt natürlich zusätzliche Gründe, ausgerechnet mit Ihnen zu arbeiten.

Um gute Gründe für Ihr Unternehmen und Ihre Person vorzubringen, bieten sich Ihnen also verschiedene Facetten:
◆ Ihr individuelles fachliches Profil (Erfahrung, Know-how, Referenzen ...),
◆ Ihr persönliches Profil (Ihre Eigenschaften, Ihre Persönlichkeit, Ihre Werte ...),
◆ Ihr durchdachtes Leistungsspektrum/Produkt und bewegliches Vorgehen (anpassbar auf unterschiedliche Kundenwünsche ...),

- ◆ Zusatznutzen und Extra-Service (Synergien, erweiterte Leistungen ...),
- ◆ aufrichtiges Interesse an den Bedürfnissen Ihrer Kunden und persönlicher Umgang mit Ihren Ansprechpartnern.

Herauszufinden, was speziell für Sie spricht, ist eine vielschichtige Übung. Darum lohnt es sich, die eben aufgezählten Fragen wiederum schriftlich zu beantworten. Zum einen soll das Ergebnis einige knackige und aussagekräftige Pluspunkte und Argumente für Ihre Akquise sein. Diese sind sozusagen die Essenz aus Ihren ausführlichen Überlegungen, die potenzielle Kunden ansprechen, neugierig machen und letztlich davon überzeugen sollen, dass Sie den Zuschlag erhalten und nicht ein Mitbewerber.

Folgende Schwierigkeiten ergeben sich meist:

- ◆ man kommt nicht über das Übliche hinaus („Ich bin zuverlässig und kompetent.")
- ◆ die eigene Unsicherheit lässt zögern oder „nichts finden" („Ich weiß auch nicht.", „Andere sind besser und können mehr als ich.")

Investieren Sie besonders Zeit und Energie in diese Übung. Denn wenn Sie selbst keine aussagekräftigen Gründe finden, warum man mit Ihnen arbeiten sollte, wie sollte ein Kunde das dann erkennen?

Haben Sie die Grundlagen erarbeitet, gehen Sie einen Schritt weiter und fragen sich ganz konkret:

- ◆ Warum sollte man Fahrstunden bei mir nehmen – und nicht bei der anderen Fahrschule um die Ecke?
- ◆ Was ist bei meinen QiGong-Kursen besonders schön?
- ◆ Was zeichnet meine Art, Kurse zu leiten aus? Welchen „Stempel" drücke ich selbst auf?

Besonders dieser letzte Aspekt ist wichtig. Sie wissen ja: Als Einzelunternehmer ist Ihr individuelles Wesen und Ihre Herangehensweise ganz elementar. Von fachlicher Kompetenz geht ein Auftraggeber aus oder, wenn Zweifel bestehen, überprüft diese vorab. Wenn also fünf fachlich gut qualifizierte Leute in der Auswahl stehen, entscheidet der menschliche Faktor: Wie geben Sie sich? Wie gut und sicher stellen Sie sich dar? Wie sympathisch sind Sie? Wie gut läuft die Kommunikation ab? Ihre sozialen Kompetenzen sind der Trumpf.

Am Schluss Ihrer Überlegungen heißt es, Ihre gefundenen Pluspunkte kritisch-konstruktiv zu überprüfen:

◆ Was sind Grundlagen, die zwar wichtig, aber aus Kundensicht selbstverständlich sind? Zuverlässigkeit oder Freundlichkeit vermisst man zwar häufig im Geschäftsleben, dennoch sind es Selbstverständlichkeiten, die ein potenzieller Kunde voraussetzt, die aber kein besonderes Argument dafür darstellen, gerade Sie vorzuziehen.

◆ Setzen Sie die „Kundenbrille" auf, um Ihre Ergebnisse auch aus der Perspektive des potenziellen Auftraggebers zu betrachten. Das hilft außerdem später beim Formulieren Ihrer Pluspunkte.

Es wird unweigerlich passieren, dass Ihnen bei diesen Überlegungen auch hinderliche Aspekte einfallen werden: Einschränkungen, die Sie im Vergleich zu Mitbewerbern haben. Die sind per se mal nicht schlimm, so lange Sie sie nicht ignorieren oder gar versuchen, sie zu verstecken.

Ein kleiner Büromittelversand kann nicht denselben Service wie ein Großversender bieten. Das Sortiment, das auf Lager ist, muss zwangsläufig kleiner sein, was Bestellzeiten verlängern und auch zu wenig Kulanz, was Stornierungen angeht, führen kann.

Die Frage muss sein: Wie machen Sie derlei Einschränkungen wett? Was haben Sie stattdessen anzubieten? Warum sollte ein Kunde TROTZ dieser Einschränkungen zu Ihnen kommen?

Hilfreich ist natürlich auch, sich umzusehen, was andere so machen. Auf diese Weise können Sie sich gezielt absetzen. Das Ziel sollte aber nicht sein, unbedingt besser zu sein als andere. Begeben Sie sich also nicht in eine Art Wettstreit mit anderen, die in Ihrem Bereich tätig sind.
Das entscheidende Argument für Sie und Ihr Unternehmen ist: „Warum mit mir?" und nicht „Warum nicht mit dem?"

Hierin liegt übrigens auch ein Kardinalfehler bei der Akquise: Es wird häufig mit der schlechten Leistung anderer „argumentiert". Und das kommt gar nicht gut an.

Ein Programmierer von Internetseiten schickt ein Mailing. Gleich im Einstieg des Briefes zieht er über den Webdesigner des angeschriebenen Unternehmens her, zählt vermeintliche Schwächen der Seite auf und stellt sich als den besseren Programmierer dar.

Auch wenn das inhaltlich richtig sein sollte, so verrät jemand, der auf diese Weise akquiriert, dass er kein großes Gespür und keine wirklichen Argumente FÜR sich (sondern nur GEGEN jemand) hat. Vielversprechender ist es, dem potenziellen Kunden vor Augen zu halten, welche Vorteile man ihm bringen könnte.

Ein weiterer wichtiger Punkt ist nun, wie Sie Ihr Profil und Ihre Vorzüge in die richtige Form bringen, und zwar inhaltlich, mit den richtigen – glaubwürdigen und Ihnen angenehmen – Worten und über den sinnvollen „Vertriebskanal". Das sehen wir uns jetzt an.

Auf den Punkt gebracht:

◆ Nur wer hinter sich und seinen Leistungen steht, wird auch sicher und überzeugend ankommen.

◆ Konkretisieren und schärfen Sie Ihr Profil, damit Sie darauf aufbauend zielgerichtet akquirieren und Ihre Pluspunkte vermitteln können.

◆ Seien Sie aufrichtig mit sich selbst: Hinterfragen Sie kritisch und konstruktiv, wie Sie zu sich und Ihrer fachlichen Qualifikation stehen.

◆ Beschränken Sie sich bei Ihrer Selbsteinschätzung nicht auf die üblichen Schlagwörter, wie flexibel, zuverlässig, gute Qualität. Hinterfragen Sie jeweils, was Sie persönlich mit diesen Eigenschaften verbinden – und konkretisieren Sie, wie Sie Ihrer Einschätzung nach abschneiden. Nennen Sie Beispiele aus Ihrem Alltag, die die jeweilige Einschätzung unterstreichen.

◆ Argumentieren Sie immer FÜR SICH und nicht GEGEN ANDERE. Argumente für Ihre Mitarbeit sind überzeugender. Argumente gegen andere sind nicht nur weniger wirksam, sondern werfen auch ein schlechtes Licht auf Sie, denn wirklich gute Leute haben es nicht nötig, auf anderen herumzuhacken.

◆ Gute Akquise vermittelt Informationen mit Hand und Fuß – und das glaubwürdig.

3 Essenziell: der gute Unternehmensauftritt

**Überzeugend – informativ – aussagekräftig:
Transportieren Sie Ihr Unternehmensprofil!**

Ein überzeugender Unternehmensauftritt gehört bereits zur guten Akquise, denn die Art, wie Sie nach außen wirken, entscheidet darüber, ob Interessenten aufmerksam werden und sich melden oder sich skeptisch zurückziehen.

Bevor wir uns den einzelnen Aspekten eines guten Außenauftrittes widmen, lassen Sie uns kurz auf ein sehr wichtiges grundsätzliches Thema eingehen: Viele Einzelunternehmer verstecken sich hinter einem „wir". Hauptgrund dafür ist, dass man buchstäblich „nach mehr aussehen" will. So kommt es, dass bei Einzelunternehmern plötzlich ein „Geschäftsführer" auf der Visitenkarte erscheint und dass bei Internetseiten ständig von „wir" die Rede ist und der Eindruck einer größeren Firma suggeriert werden soll.

So nachvollziehbar dies ist, Sie erweisen sich mit diesem Vorgehen meiner Ansicht nach einen Bärendienst. Denn zum einen starten Sie Ihre Geschäftsbeziehung mit einer Flunkerei, die früher oder später auffliegt. Zum anderen vergeben Sie sich die vielen Vorteile, die Sie als Einzelunternehmer gegenüber einem größeren Betrieb bieten. Dazu gehört:

◆ Einzelpersonen sind in der Regel günstiger als Firmen, die die höheren laufenden Kosten hereinholen müssen,

◆ der Einzelunternehmer ist einziger und kompetenter Ansprechpartner für seine Kunden,

◆ die Flexibilität ist bei Einzelpersonen in der Regel hoch.

Der Wunsch der Geschäftspartner nach weiteren Dienstleistungen oder mehreren Ansprechpartnern, um einer etwaigen Überlastung vorzubeugen oder in Urlaubs- und Krankheitsfällen nicht ohne Ansprechpartner dazustehen, muss ohnehin berücksichtigt werden. Mein Rat deshalb: Nutzen Sie die Vorteile des Einzelunternehmens und entziehen Sie eventuellen Vorbehalten die Basis.

3.1   Ein guter Auftritt ist die halbe Miete

Ein professioneller Unternehmensauftritt muss weder viel kosten noch sehr aufwändig sein. Besser ist es, weniger zu machen, das aber dafür einwandfrei.

Die Basics für einen guten Auftritt nach außen sind:
◆ Briefpapier/Visitenkarten
◆ Ihre Wirkung – persönlich, telefonisch, schriftlich

Alles weitere (Prospekte, Anzeigen, Internet, Pressearbeit etc.) muss natürlich sinnvoll ausgewählt und gut umgesetzt sein. Mehr dazu später im Buch.

> Ihr Unternehmensauftritt muss professionell, vertrauenerweckend und überzeugend sein und die von Ihnen gewünschte Wirkung vermitteln bzw. unterstreichen.

Leider nutzen viele Selbstständige ihre Möglichkeiten nicht – bzw. schaden sich sogar mit unprofessionellem Auftreten.

Da der selbstständige Computerspezialist Geld sparen möchte, kauft er sich vorperforierte Visitenkarten und druckt sie auf dem heimischen Tintenstrahldrucker selbst. Ebenso sein Briefpapier.

Natürlich ist es gut und auch wichtig, sinnvoll mit seinen Finanzen hauszuhalten. Sparen Sie bitte nicht am falschen Ende: Ihr Briefpapier, Ihre Visitenkarten und auch Ihre Texte müssen Hand und Fuß haben, denn diese sollen überzeugen und verkaufen. Nutzen Sie externe Dienstleister!

Im Folgenden erhalten Sie wichtige Tipps für Ihr gutes Fundament.

3.2 Visitenkarten

Investieren Sie in professionell gedruckte Visitenkarten. Hierauf sollten Sie achten:

positiv	negativ
Papier/Format:	
stabiles Papier angenehm anzufassen Standardformat (ca. 85 x 55 mm)	windiges, dünnes Papier Überformate (passen nicht in übliche Aufbewahrungsmittel)
Schrift:	
Schrifttype angepasst an die gewünschte Wirkung (z. B. klare oder verspielte Schrift) Schriftgröße angenehm lesbar nicht mehr als drei verschiedene Schrifttypen	ausschließlich Großbuchstaben Schreib-/Schnörkelschriften (= schlecht lesbar)
Gestaltung/Farben:	
den Inhalten Raum lassen gleiche Farben im gesamten Unternehmensauftritt	gequetschte Anmutung zu bunte Aufmachung unstimmiges Layout
Inhalte:	
wenn vorhanden: Logo Firmenname und evtl. Kurzbeschreibung der Firma Vor- und Zuname und ggf. Titel ggf. Funktion vollständige Adresse Telefon, ggf. Mobiltelefon, Fax E-Mail und ggf. Webadresse	Angabe einer zu exklusiven Richtung (z.B. „Übersetzer", obwohl auch Trainings angeboten werden) zu viele Informationen

Positive und negative Elemente einer Visitenkarte

Ihre Visitenkarte ist Ihr wichtigstes Werbemittel. Mit einer aussagekräftigen Karte machen Sie gleich einen guten Eindruck und die Karte erinnert langfristig an Sie.

Immer dabei haben

Ganz klar: Ihre Karte nützt nur dann etwas, wenn Sie sie auch dabei haben. Erstaunlich viele Selbstständige haben keine oder nicht ausreichend Visitenkarten bei sich.
Stellen Sie sicher, dass Sie genügend Visitenkarten vorrätig haben. Deponieren Sie immer eine ausreichende Zahl an sinnvollen Stellen, z.B. in Ihrer Aktentasche, Ihrer Geldbörse oder in einem Visitenkartenetui.

Achtung: Karten, die Sie ungeschützt aufbewahren, etwa lose in der Tasche oder im Geldbeutel, werden schnell schmutzig oder bekommen angeschlagene Ecken.

Geben Sie niemals eine verschmutzte oder verknickte Visitenkarte weiter, das macht keinen guten Eindruck.

Achten Sie darauf, dass die Karten geschützt und knickfrei verstaut sind. Werfen Sie Karten mit Makeln weg.

Tragen Sie, egal wo Sie hingehen, immer einige Visitenkarten mit sich – Sie wissen nicht, ob Sie nicht in der U-Bahn, im Café oder auf einer privaten Feier einen guten Kontakt machen.

Ihrer Korrespondenz beilegen

Legen Sie Ihren Angeboten eine Visitenkarte bei. Auch bei bestehenden Kunden sollten Sie sicherstellen, dass diese eine Karte von Ihnen haben. Sofern der bisherige Kontakt mit Ihrem Kunden mündlich vonstatten ging und Sie wissen, dass dieser noch keine Visitenkarte hat, legen Sie spätestens bei der ersten Rechnung neben einem freundlichen Begleitbrief auch Ihre Karte bei.

Je nachdem, wie Ihr Angebot aussieht, können Sie eine Visitenkarte in vorgestanzte Halterungen stecken, selbstklebende Visitenkartentaschen verwenden oder Ihre Karte ordentlich mit einer Büroklammer anheften.

Bei Kundenterminen und Veranstaltungen nutzen

Nutzen Sie Visitenkarten auch bei persönlichen Terminen. So ist es hilfreich, bereits am Empfang die Karte abzugeben: so gibt es keine Rückfragen oder Verstümmelungen Ihres Namens, wenn man Ihr Eintreffen ankündigt.

Im Gespräch selbst ist es sinnvoll, Ihre Karte gleich zu Beginn zu übergeben. Das hat den Vorteil, dass Sie üblicherweise auch von Ihren Gesprächspartnern direkt die Karte erhalten. Nehmen Sie sich die Zeit, den Namen und die Position bewusst zu lesen und zu verinnerlichen. Dann gibt es keine Unsicherheiten in puncto Anrede und Funktion/Entscheidungsposition.

Tipp für Veranstaltungen: Wenn Sie auf Veranstaltungen Visitenkarten austauschen, dann empfiehlt es sich, einen Stapel Ihrer eigenen Visitenkarten in die eine Tasche Ihres Jacketts zu stecken und die Karten, die Sie von anderen erhalten, in der anderen zu sammeln. So haben Sie immer Ihre eigenen Karten zur Hand, ohne erst einen Stapel fremder Karten durchsuchen zu müssen.

Zum Umgang mit fremden Visitenkarten

Behalten Sie Visitenkarten, die Sie bekommen, nur dann, wenn diese auch wirklich interessant für Sie sind.

Bei den Karten, die Sie behalten, können Sie Zeitpunkt und Anlass des Gesprächs notieren und eventuell das Gesprächsthema oder auch auffällige Kleidung. Das hilft Ihnen, sich besser an die entsprechende Person zu erinnern.

3.3 Briefpapier

Wenn Sie Ihr Briefpapier professionell drucken lassen, macht es natürlich einen besseren Eindruck. Sofern Sie aus Kostengründen darauf verzichten wollen, achten Sie bitte darauf, dass

◆ Sie gutes, hochwertiges Papier verwenden, das stärker ist als das übliche 80-g-Papier,

◆ Sie einen klaren, stimmigen Briefkopf kreieren, der zu Ihrem sonstigen Unternehmensauftritt passt,

◆ Ihr Logo (wenn vorhanden) in einwandfreier Qualität gescannt bzw. die Bilddatei einwandfrei erstellt worden ist.

Tipp: Investieren Sie in einen Laserdrucker. Laserdrucker sind mittlerweile sehr günstig in der Anschaffung – schon mit wenigen Hundert Euro sind Sie dabei. Vorteil ist, dass ein Laserdrucker bei den laufenden Materialkosten günstiger ist als ein Tintenstrahldrucker. Zudem druckt er sauberer und vor allen Dingen auch viel schneller als ein Tintenstrahldrucker. Insbesondere wenn Sie ein Mailing oder ein Flugblatt drucken, ist der Zeitunterschied erheblich.

Wenn Sie professionell drucken lassen:

◆ Achten Sie auf gutes Papier, suchen Sie die Papiersorte am besten beim Drucker vor Ort aus und lassen Sie sich verschiedene Qualitäten zeigen. Das Papier für Ihren Briefbogen sollte stärker sein als normales Schreibpapier, also etwa 90-110 g.

Beachten Sie hierbei immer die Portokosten für einen Standardbrief.

◆ Lassen Sie nur eindrucken, was sich in absehbarer Zeit sicher nicht verändert. Beispielsweise Ihre Bankverbindung oder gar Ihre Anschrift können Sie mit dem Laserdrucker einfügen, wenn nicht sicher ist, dass sie in den nächsten Jahren gleich bleibt.

- Beachten Sie: Standardfarben sind im Druck kostengünstiger als Schmuckfarben.
- Lassen Sie sich ein Angebot mit verschiedenen Auflagenhöhen machen. Die Preissprünge zwischen den Auflagen sind normalerweise sehr gering, deshalb kann es sich lohnen, statt geplanter 2.000 Blatt gleich 5.000 Blatt drucken zu lassen. Bleiben Sie aber realistisch, denn auch wenn es günstig ist, wollen Sie ja nicht Briefpapier für den Rest Ihres Lebens horten.

3.4 Korrespondenz

Für eine gute Korrespondenz ist es in erster Linie einmal wichtig, dass Sie in angemessener Zeit reagieren:

> Ob es sich um Anfragen, Angebote, Nachhak- oder Dankesbriefe, Rechnungen oder auch Mahnungen handelt – reagieren Sie immer zeitnah.

Sofern Sie etwas in Verzug geraten, etwa weil ein Angebot aufwändiger ist als gedacht, rufen Sie Ihren Geschäftspartner an und teilen Sie ihm das mit. Insbesondere wenn Sie mit dem Internet arbeiten, ist eine prompte Reaktion essenziell. Per E-Mail erwartet der Empfänger immer eine noch schnellere Antwort, als dies auf dem Postweg der Fall ist.

Einige wichtige Tipps für gute Korrespondenz:
- Kommen Sie immer auf den Punkt: kurz, knackig und aussagekräftig.
- Formulieren Sie immer persönlich und individuell. Natürlich ist es sinnvoll, Vorlagen oder Textbausteine zu nutzen. Diese sollten Sie aber nicht unpersönlich aneinanderreihen, sondern immer konkret auf den Empfänger beziehen.
- Schreiben Sie in einem aktiven, lebendigen Stil.

◆ Machen Sie besser mehrere kurze Sätze als lange Schachtelsätze.

◆ Achten Sie auf Rechtschreibung, Grammatik – und allgemein Fehlerlosigkeit.

◆ Versuchen Sie „normal" zu schreiben, also so, wie Sie auch tatsächlich sprechen. Bei geschäftlicher Korrespondenz verfallen viele Leute in einen distanzierten gestelzten und oft auch veralteten Sprachstil.

◆ Informieren Sie sich über die grundlegenden Punkte der DIN 5008: Schreib- und Gestaltungsregeln für die Textverarbeitung. Das sind die in Deutschland üblichen Richtlinien für Geschäftsbriefe. Auch wenn Sie nicht jede Empfehlung übernehmen müssen, die wichtigsten Grundsätze sollten Sie anwenden. (Vgl. Buchtipps.)

In Kapitel 7 erfahren Sie Weiteres zum schriftlichen Auftritt.

3.5   Wirkung am Telefon

Neben fachlicher Kompetenz ist im Geschäftsleben auch persönliche Sympathie wichtig. Sicherlich kennen Sie aus eigener Erfahrung Kontakte, mit denen Sie gern telefonieren, und andere, bei denen Sie nur widerwillig anrufen.

Am Telefon sind beide Gesprächspartner auf ihre Stimme reduziert: Man sieht nicht, mit welcher Mimik ein Satz vorgebracht wird, man bekommt die Reaktion des Gegenübers nicht unmittelbar mit.
Deshalb ist es umso wichtiger, dass Sie am Telefon besonders bewusst auf Ihre Wirkung achten.

Der selbstständige Finanzdienstleister ist am Telefon oft kurz angebunden, weil er gern kurz und knapp formuliert und direkt auf den Punkt kommt. Das kommt bei manchen Anrufern so an, als seien sie unerwünscht/als habe der Finanzdienstleister gerade keine Zeit für sie.

positiv	negativ
– sich Zeit nehmen (wenn das nicht möglich ist, dann Anrufbeantworter einschalten oder Gesprächstermin vereinbaren) – sich klar und deutlich melden mit vollständigem Firmennamen und eigenem Namen – langsam und deutlich sprechen – voll konzentriert sein, dem Gesprächspartner die ungeteilte Aufmerksamkeit widmen – freundlich schauen am Telefon	– ständige Erreichbarkeit anstreben, dabei aber hektisch wirken oder keine Zeit haben – sich nebenbei mit anderen Dingen beschäftigen – ungefragt den Lautsprecher anstellen – Anrufbeantworteransagen, die nicht stimmen (z.B. Uhrzeitansage, ab wann erreichbar, diese aber nicht einhalten)

Positive und negative Verhaltensweisen am Telefon

Viele Selbstständige glauben, sie müssen immer und überall erreichbar sein – für bestehende Kunden und um keinesfalls einen möglichen Neukunden zu verpassen. Tatsächlich ist es überhaupt nicht nötig, sondern kann sogar schädlich sein, wenn Sie versuchen, ständig ansprechbar zu sein. Besser ist es, sinnvoll mit den Möglichkeiten der Telekommunikation umzugehen.
Wenn Sie unterwegs sind, wägen Sie ab, ob Sie tatsächlich in Ruhe andere Gespräche annehmen können. Ist das nicht der Fall, dann ist es besser für alle Beteiligten, wenn Sie einen Anrufbeantworter sinnvoll besprechen, diesen regelmäßig abhören und dann zeitnah in einer ruhigen Minute zurückrufen.

Wenn Sie länger abwesend sind, etwa auf einer mehrtägigen Messe oder einer Fortbildung, so teilen Sie diese Information ruhig auf dem Anrufbeantworter Ihren Geschäftspartnern mit. Bitten Sie um das Hinterlassen einer Nachricht und weisen Sie darauf hin, dass Sie Ihr Band von unterwegs regelmäßig abhören und sich gern melden. Ihre Anrufer fühlen sich besser informiert. Keine Sorge: Niemand erwartet, dass man permanent am Schreibtisch festklebt.

3.6 Persönliches Auftreten

Gerade als Einzelunternehmer ist die persönliche Wirkung ausschlaggebend. Hier ist es entscheidend, einen fachlich und persönlich vorteilhaften Eindruck zu hinterlassen.

Am wichtigsten ist jedoch, dass Sie authentisch sind. Alles, was gespielt oder gestellt ist, kommt durch und wirkt negativ – ganz abgesehen davon, dass Sie sich selbst nicht wohl in Ihrer Haut fühlen.

Hier ein paar Verhaltensempfehlungen:
◆ Bemühen Sie sich, immer pünktlich zu sein. Wenn das im Ausnahmefall nicht möglich ist, sagen Sie Bescheid und vereinbaren Sie evtl. einen neuen Termin.
◆ Planen Sie immer genügend (Puffer-)Zeit ein.
◆ Kleiden Sie sich dem Anlass entsprechend, achten Sie jedoch auch darauf, dass Sie sich in Ihrer Kleidung wohl fühlen.
◆ Überzeugen Sie fachlich, halten Sie sich auf Ihrem Gebiet immer auf dem Laufenden.
◆ Sprechen Sie verständlich und gehen Sie auf Ihr(e) Gegenüber ein, beispielsweise durch Nachfragen.
◆ Nehmen Sie die Umgebung wahr (Empfang, Assistenz ...) und grüßen Sie immer freundlich.
◆ Machen Sie Komplimente nur, wenn sie ehrlich sind.
◆ Stellen Sie viele Fragen!

Negativ wirkt sich hingegen aus, wenn Sie
◆ so tun, als ob Sie alles wüssten und könnten,
◆ andere im Gespräch schlecht machen,
◆ während des Gesprächs Ihr Handy klingeln lassen,

Der Handelsvertreter hat sein Handy zwar auf „Vibrieren" gestellt, holt es jedoch bei jedem Anruf heraus, um „nur mal zu sehen, ob es wichtig war".

◆ das Gegenüber „vollplappern".

Die meisten dieser Tipps erscheinen banal und selbstverständlich, nicht wahr? Und doch sind es die Klassiker dessen, was viele Menschen im Alltag falsch machen.

Der selbstständige Trainer hat einen Termin mit dem Geschäftsführer einer Medienfirma vereinbart. Dessen Assistentin kümmert sich eigenverantwortlich um diesen Bereich. Als sie zum Empfang geht, um den Besucher zu begrüßen, schaut dieser buchstäblich über ihren Kopf hinweg, schüttelt ihr abwesend die Hand und fragt mehrmals nach dem Geschäftsführer. Bereits in dieser Sekunde ist die Assistentin verärgert.

Es sind gerade die Details, auf die es ankommt. Dinge, die man als selbstverständlich abtut, übersieht man leicht. Tun Sie sich den Gefallen und achten insbesondere auf die Feinheiten – denn diese machen den Unterschied!

Mehr zum persönlichen Auftritt – mit praktischen Tipps – in Kapitel 5.

Auf den Punkt gebracht:

◆ Erfolgreich wird Ihre Akquise nur dann sein, wenn die Grundlagen stimmen. Dazu gehört ein überzeugender und professioneller Unternehmensauftritt.

◆ Die absoluten Grundlagen für einen guten Auftritt umfassen Ihr schriftliches Auftreten (Visitenkarte, Briefpapier, Korrespondenz), Ihre Wirkung am Telefon und Ihre Person.

◆ Wenn das Fundament nicht stimmt bzw. nicht stimmig ist, dann beschädigen Sie Ihr Image.

◆ Derjenige, dessen Unternehmensauftritt überzeugt, macht bereits Punkte und kann so „wie nebenbei" für sich werben und akquirieren.

◆ Wenn der Unternehmensauftritt sorgfältig und überzeugend ist, akquiriert es sich leichter.

4 Die Zielgruppe kennen

Eigene Ziele festlegen und dazu passende Kunden finden

Bevor Sie konkret mit dem Akquirieren beginnen, ist es entscheidend, dass Sie sich intensiv mit Ihren Zielen auseinander setzen, denn nur wenn Sie wissen, was Sie wollen, können Sie die passende Zielgruppe dazu auswählen und angehen.

Viele Selbstständige meiden die Akquise oder lassen sie eher schleifen. Ein weiterer großer Teil gibt sich durchaus Mühe und setzt auch viel Zeit und Energie ein – macht aber eher Blindschüsse oder akquiriert in die falsche Richtung.

Ein Grafiker will seine Auslastung verbessern. Da er in diesen Bereichen bereits Referenzkunden vorweisen kann, möchte er schwerpunktmäßig Arztpraxen und Anwaltskanzleien akquirieren. Das bedeutet jedoch, dass er bei diesen Kunden in der Regel nur kleinere Werbeaufträge realisieren wird, d.h., der Akquiseaufwand bleibt groß.
Wenn er seine Auslastung auf Dauer verbessern möchte, ist ein Mix von kleineren Kunden und größeren Unternehmen mit regelmäßigem Bedarf an Werbemitteln erforderlich.

4.1 Was will ich überhaupt?

Der erste Schritt ist, sich konkret damit auseinander zu setzen, was IHRE Erwartungen und Ziele sind. Diese betreffen

◆ Ihr Leistungsspektrum: Was biete ich an? Was möchte ich künftig anbieten? Tipp: Trennen Sie gedanklich zwischen dem, was Sie bereits anbieten, und dem, was Sie anbieten möchten.

◆ Ihre Ansprüche an Tätigkeit und Zeit: Welche Art von Aufträgen möchte ich im Hinblick auf die Tätigkeit und die damit verbundene Zeit bekommen? Lieber eine spezialisierte Tätigkeit oder Zusatz-Leistungen, lieber Einzelaufträge von meinem Firmenstandort aus oder längerfristige Aufträge bei Kunden vor Ort ...?

◆ Ihre gewünschten Kunden: Welche Art von Kunden sind mein Ideal? In puncto Firmengröße, Branche, Ort, persönliche Wünsche ...

◆ Längerfristige Ziele: Welche Entwicklung sehe ich für mein Business? Strebe ich eine bestimmte Auslastung an? Ein gewisses Level an Umsatz? Möchte ich über kurz oder lang expandieren? Usw.

◆ Sie selbst: Welche Ziele habe ich für mich persönlich? Möchte ich als Experte in meinem Fachbereich gelten? Möchte ich so viel verdienen, dass ich in zehn Jahren auswandern kann? Will ich so viel Zeit und Geld haben, dass ich mich ausgiebig fortbilden kann? Will ich ein gesundes Fundament mit meinem Business schaffen, um mir und meiner Familie ein gutes Leben zu ermöglichen? Usw.

Wichtig bei diesem ersten Schritt ist, dass Sie sich noch keine Gedanken darüber machen, ob und in welcher Form Sie diese Einzelziele erreichen können.

Es geht zunächst lediglich darum, sich aus Ihrer Sicht klar zu werden und aufzuschreiben, was Ihre Überlegungen, Erwartungen und Ziele überhaupt sind.

4.2   Wer ist meine Zielgruppe?

Basierend auf Ihren Antworten zu Zielen/Erwartungen kommt nun der nächste Schritt: Sortieren Sie Ihre Gedanken aus Schritt 1, das bedeutet:

◆ Fassen Sie zusammen, was zusammengehört.
◆ Überdenken Sie Punkte, bei denen Sie nicht sicher waren.

◆ Sortieren Sie aus, was bei näherer Überlegung nicht so relevant für Sie ist. Setzen Sie also Prioritäten: Was ist ein Muss und Ihnen ganz wichtig? Was wäre schön, aber kein KO-Kriterium? Und was ist Ihnen gar nicht wichtig?

Nehmen Sie sich nun Ihre Leistungen und Ziele vor und finden Sie per Brainstorming heraus, wer jeweils eine passende Zielgruppe dafür wäre.
Da man sich nicht immer leicht damit tut, einerseits zu überlegen, wer denn die eigenen Leistungen/Produkte alles brauchen könnte UND das Ganze auch gleichzeitig mit angestrebten Zielen zu verknüpften, empfiehlt es sich, Ihre Gedanken zu möglichen Zielgruppen zu splitten. Also zunächst einmal zu überlegen, wer überhaupt in Frage kommt, um anschließend mit Ihren Wünschen und Zielen abzugleichen.

Eine kleine Hilfestellung: Häufig ist die Zielgruppe praktisch schon vorgegeben:
◆ durch die eigene Leistung/ein einschlägiges Produkt:
Jemand verkauft ein medizinisches Gerät für Ärzte und Krankenhäuser.
◆ durch einschlägige Erfahrungen/frühere Berufstätigkeit oder vorhandene Kontakte:
Ein Controller berät und trainiert Handwerksbetriebe, um seine Kontakte und jahrelange Erfahrung im Bauwesen zu nutzen.
◆ durch Ortsgebundenheit („Wer ist in der Nähe?"):
Eine freiberufliche Sekretärin ist branchenunabhängig einsetzbar. Um sich Fahrtzeiten zu sparen, sucht sie potenzielle Kunden in ihrem Stadtteil.

Oft hilft es auch, seine bestehende Leistung in einen anderen Blickwinkel zu stellen, um so den bis angepeilten Kundenkreis zu erweitern („Wer könnte das noch brauchen"):
Ein Trainer für Lese-Rechtschreib-Schwäche war bisher auf Grundschüler spezialisiert und entdeckt nun die Wirtschaft:

denn bei Präsentationen, gerade auf der Flipchart, ist einwandfreies und leserliches Schreiben wichtig.

Beachten Sie: Bei diesem Brainstorming lautet das Ziel, möglichst viele Einfälle und Assoziationen zu sammeln. Zensieren Sie nichts. Schreiben Sie spontan alles nieder, was Ihnen einfällt, und lassen Sie sich von vorhandenen Einfällen zu weiteren möglichen Zielgruppen leiten.

Wenn Sie damit fertig sind, prüfen Sie Ihre Einfälle, sortieren und gewichten Sie sie neu: Welche Zielgruppe erscheint Ihnen am vielversprechendsten? Für welche Leistung? Warum?

Tappen Sie bitte nicht in die Falle „Jeder kann meine Leistung/mein Produkt brauchen"! Das klingt so verführerisch, als sei der Markt unendlich – und führt doch leider nur zu unspezifischer Gießkannen-Ansprache anstatt zu zielgerichteten Akquise-Aktionen.

Wenn Sie Ihre oben angedachten Zielgruppen konkretisieren, haben Sie den Vorteil, dass Sie Ihre Ziele und das, was Ihnen wichtig ist, direkt berücksichtigen können. Außerdem überzeugen Sie inhaltlich viel mehr, wenn Sie die Bedürfnisse Ihrer Zielgruppe aussprechen und aus deren Sicht argumentieren, was nicht gelingt, wenn Sie versuchen alles und jeden gleichzeitig von Ihrem Business zu überzeugen.

Ein Beispiel dazu: Möchten Sie möglichst wenig arbeiten, aber viel Geld verdienen, müssen Sie sich logischerweise Aufträge suchen, die dieses Zeit-Geld-Verhältnis stützen.

◆ Die Zielgruppe Existenzgründer, auch wenn sie meine Leistung gut brauchen könnte, wäre damit schlecht gewählt, weil diese tendenziell zu wenig Geld hat.
◆ Auch gibt es Branchen, die finanziell besser dastehen als andere. Wenn ich Texter bin, kann ich für Redaktionen ar-

beiten (-> wenig Geld) oder aber ich kann Firmenbroschüren texten (-> viel Geld). Wenn ich Trainer und Coach bin, sind Inhouse-Trainings viel rentabler als Einzelstunden.

Oder aber ich habe moralische Ansprüche und möchte gerne nur für Firmen arbeiten, die ich als „sinnvoll" erlebe – dann biete ich meine Leistungen vielleicht nicht der Tabakindustrie an, weil ich diese Branche nicht unterstützen möchte.

Gerade im Aufbau der Selbstständigkeit ist es elementar, schnell und gut bezahlte Aufträge zu bekommen. Auch hier ist die Zielgruppe entscheidend:

Ein Therapeut hat sich kürzlich selbstständig gemacht. Da er gern mit Kindern arbeitet, möchte er seine Dienste in Schulen anbieten. Natürlich führt hier der Akquiseweg über das Ministerium.
Hier ist eine Zielgruppe aus persönlichen Interessen besonders interessant, sollte jedoch unter objektiven ökonomischen Erwägungen zunächst vernachlässigt werden, denn die Auftragsvergabe ist zu langwierig und verhältnismäßig dürftig bezahlt.

Weitere relevante Fragen:
◆ Welche Firmen kenne ich aus dieser Zielgruppe? Habe ich bereits Kontakte zu Firmen? Welche weiteren Unternehmen kenne ich, auch wenn ich noch keinen Kontakt habe?
◆ Welche Abteilung/Funktion ist der passendste Ansprechpartner für mein Anliegen?

4.3   Wichtig: der richtige „Mix" an Aufträgen

Machen Sie sich frühzeitig Gedanken über den idealen „Mix" an Aufträgen. Wie am Beispiel des Grafikers geschildert, nützt es Ihnen wenig, ständig kleinere, stark begrenzte Aufträge zu akquirieren.

Bauen Sie sich eine gute Datenbank auf!

Eine wichtige Grundlage für Ihre erfolgreiche Akquise ist eine gute Datenbank.

Die richtige Software wählen

Auch wenn spezielle Programme hilfreich sind, so genügen – je nach Ihren Ansprüchen – auch die üblichen Standardprogramme in Ihrem Computer. Keineswegs brauchen Sie in teure Datenbanklösungen zu investieren!

Ideal ist es, wenn Sie eine Software nutzen, die für Datenverwaltung eingerichtet ist. Denn so können Sie die Datenbank – neben der Verwendung für Serienbriefe – hilfreiche Auswertungen und Berichte erstellen lassen.

> Das erspart viel Arbeit und gibt Ihnen wichtige Hinweise in Bezug auf Ihre Akquise und Marketingaktivitäten.

Die einzelnen Felder Ihrer Datenbank

Ein wichtiger Aspekt für die sinnvolle Nutzung Ihrer Daten ist Flexibilität und Aussagekraft. Wichtig hierbei:

◆ Halten Sie die einzelnen Datenbankfelder separat.
◆ Sammeln Sie von Beginn an möglichst vollständige Daten.
◆ Denken Sie an die Zukunft und sammeln Sie alle verfügbaren Daten, auch wenn Sie sie aktuell nicht benötigen.

Die Quelle: Woher?

Diese Information gibt wichtige Hinweise über den Erfolg Ihrer Marketingaktivitäten, deshalb sollten Sie unbedingt in Erfahrung bringen und festhalten, wie ein Interessent oder Kunde auf Sie aufmerksam wurde (bzw. woher Sie jemanden kennen).

Wichtig: Benennen Sie 4-5 konkrete Hauptrubriken und verwenden Sie diese einheitlich, nur so lassen sich die Ergebnisse auch auswerten. Denkbar sind beispielsweise:

- Messe
- Adressbuch
- Internet
- Anzeige
- Empfehlung

Darüber hinaus sollten Sie ein weiteres Feld vorsehen, um konkrete Angaben machen zu können. Beispiel:

Kunde:	A
Woher:	Messe
Woher konkret:	CeBIT 2007

Datenbankfelder, die Sie separat erfassen sollten:

- Firmenname
- Anrede
- Vorname
- Name
- Straße
- Postleitzahl
- Ort
- Abteilung
- Funktion des Ansprechpartners
- Telefon
- Faxnummer
- E-Mail-Adresse
- Internetadresse
- Woher (Rubrik)
- Woher konkret

> Wer sich nur auf Aufträge mit begrenzten Einzelleistungen verlegt, hat immer eine Auftragsunsicherheit und muss kontinuierlich sehr viel Aufwand für Akquise betreiben.

Es ist daher auch wichtig, dass Sie sich Gedanken darüber machen, wie Sie eine gute Basis an Stabilität erreichen können. Diese können Sie beispielsweise erreichen durch:

◆ einen Mix an kleineren und größeren Aufträgen
◆ längerfristige Leistungen
◆ Leistungspakete oder einen ausgeweiteten Service
◆ Produktpakete oder bestimmte Rahmenvereinbarungen

4.4　Wie komme ich an die richtigen Adressen?

Wenn Sie wissen, wen Sie gezielt ansprechen möchten, haben Sie die wichtigste Entscheidung bereits getroffen. Sie wissen nun, welche Art von Adressen Sie konkret suchen. Die Quellen für Adressen sind sehr vielfältig.

Adressen kaufen

Worauf man meistens zuerst kommt, wenn es um die Frage nach Adressdaten geht, ist der Adresskauf: Es gibt spezialisierte Firmen, die Adressdaten verkaufen.
Abgerechnet wird i.d.R. pro Adresse und Nutzungshäufigkeit (üblich: einmalige Nutzung). Dies wird durch Probeadressen überprüft.
Auch Berufsverbände oder die lokale IHK verkaufen mitunter Adressen.

Für Kleinunternehmer ist der Adressenkauf häufig nicht rentabel: Zum einen ist er nicht billig, zum anderen sind die Adressen – je nach Firma – auch nicht immer ganz aktuell.
Ich empfehle Selbstständigen daher, lieber etwas Arbeitszeit zu

investieren und selbst zu recherchieren, um eine sinnvolle und aktuelle Datenbank als Grundlage für die Akquise zu schaffen.

Wenn Sie Adressen professionell kaufen wollen, sollten Sie zwei Dinge beachten:

◆ Fragen Sie unbedingt nach, wie oft die Adressen nachtelefoniert und aktualisiert werden. Gut gepflegte Adressen sind möglicherweise etwas kostenintensiver, dafür haben Sie weniger Ausschuss.

◆ Kaufen Sie nur solche Adressen, die konkret den Namen der Entscheider beinhalten. Nur Firma- oder Abteilungsangabe hilft nicht weiter.

Branchen-/Adressbücher

Wer seine Zielgruppe(n) gut bestimmt, kann sich Branchen- und Adressbucheinträge zunutze machen.
Diese reichen von allgemeinen Adressbüchern (z.B. die Gelben Seiten) über Branchenverzeichnisse (z.B. die RedBox für Medienunternehmen) bis hin zu ganzen Nachschlagewerken, in denen sogar die einzelnen Personennamen und genaue Funktion aufgeführt sind (z.B. der Zimpel für das Verlagswesen).

Normalerweise empfiehlt sich für den Akquisestart die aktuelle Standardausgabe eines Adressbuches. Durch den folgenden regelmäßigen Kontakt – Akquise muss kontinuierlich betrieben werden, um erfolgreich zu sein – halten Sie die Adressen dann selbst aktuell.

Internet/Eigenrecherche

Adressbücher und Branchenverzeichnisse gibt es natürlich oft auch in der Online-Version. Damit haben Sie schon die erste Quelle für Ihre Eigenrecherche im Internet.
Dort können Sie natürlich auch komplett selbst recherchieren und sich Suchmaschinen (z.B. Google) und Webverzeichnisse

(z.B. alles-klar.de) zunutze machen. Der Vorteil hierbei ist, dass Sie kombiniert nach Branche und Region suchen können.

Wenn Sie sich zudem die Mühe machen, die einzelnen Suchergebnisse intensiv zu recherchieren, erfahren Sie wichtige Details zu den Entscheidern im betreffenden Unternehmen.
Sie bekommen qualitativ gute Informationen, mit denen Sie Ihre Akquise auch inhaltlich noch zielgerichteter formulieren können.

Berufs- und Branchenverbände

Mithilfe der Berufs- und Branchenverbände kommen Sie oft nicht nur an Mitgliedsverzeichnisse, sondern Sie erhalten außerdem wichtige Informationen zu Branche, Marktentwicklung und Bedürfnissen Ihrer Zielgruppe.
Adressen über Verbände erhalten Sie teilweise kostenfrei, teilweise fällt auch eine Gebühr an. Im Internet sind Adressen der Mitglieder häufig offen einsehbar.

Synergien mit anderen Firmen

Eine nahe liegende Quelle für Adressen – idealerweise mit Empfehlungscharakter – sind befreundete Firmen. Das klingt vielleicht etwas weit hergeholt, dennoch ist es insbesondere für kleine Unternehmen sehr sinnvoll, sich die Kunden zu „teilen". Für die Kunden stellt diese Maßnahme durchaus einen Zusatzservice dar, natürlich nur dann, wenn Sie unterschiedliche Leistungen/Produkte anbieten und sich daher nicht gegenseitig Konkurrenz machen.
Das setzt allerdings zwei Dinge voraus:

◆ Sie nehmen nicht nur, sondern geben auch selbst.
◆ Sie sind gegenseitig von der jeweiligen Leistung/dem Produkt so überzeugt, dass Sie gern Ihre jeweiligen Kunden vom anderen Unternehmen profitieren lassen.

Wenn Sie kein gutes Gefühl bei einer anderen Firma haben, dann steht das natürlich nicht zur Debatte.

Zeitungen/Fachzeitschriften

In Zeitungen finden Sie ebenfalls eine Menge Adressen, zum Beispiel in Werbeanzeigen oder im Stellenmarkt. Meist ist hier natürlich keine Ansprechperson genannt oder es ist – je nach Thema – eine Person aufgeführt, die nicht der für Sie richtige Entscheider ist.

Sie brauchen den Namen von Mitarbeitern der Einkaufsabteilung, im Stellenmarkt sind jedoch Namen von Personalern genannt.

In solchen Fällen ist es wichtig, dass Sie die Adressen selbst nachrecherchieren und verbessern.

Messen/Veranstaltungen

Messen und Veranstaltungen, bei denen Sie Ihre Zielgruppe treffen, sind eine sehr wichtige Quelle, weil Sie in der Regel eine Vielzahl potenzieller Kunden auf einem Fleck antreffen. Adressen erhalten Sie, indem Sie

◆ selbst Aussteller sind und aktiv Adressen sammeln (z.B. um Visitenkarten bitten oder in Form einer Aktion – Gewinnspiel o.Ä. – Visitenkarten sammeln),

◆ als Messebesucher anwesend sind, der Informationsmaterial sammelt und direkt erste Akquisegespräche führt.

Auch für Veranstaltungen gilt: Wenn Sie sich die Mühe machen, persönlich Firmen zu recherchieren und Adressen zu sammeln, dann tun Sie das unter qualitativen und nicht unter quantitativen Gesichtspunkten: Sammeln Sie von ausgewählten Firmen nicht nur Visitenkarten, sondern auch Produkt-/Leistungsprospekte, damit Sie Ihre Kontaktaufnahme individuell gestalten können.

Auch Messekataloge bieten eine Vielzahl von Adressen, teilweise sind sogar konkrete Personen/Entscheider angegeben. Solche Messekataloge können Sie jederzeit bei der Messe bestellen, auch ohne selbst anwesend zu sein.

Häufig gibt es sie mittlerweile auch elektronisch. Sehen Sie sich vorher am besten die Internetseite zur Messe an und machen Sie sich ein Bild davon. Solche elektronischen Daten sind vor allem dann sinnvoll, wenn Sie diese direkt für Ihre Zwecke exportieren oder kopieren können.

Andere fragen/Empfehlung

Adressen bekommen Sie auch von Menschen aus Ihrem beruflichen und privaten Umfeld: Jeder kennt jemanden, der wiederum jemanden kennt – und jeder hat aus unterschiedlichen Gründen Berührungspunkte mit anderen Unternehmen. Nutzen Sie dieses Wissen, indem Sie andere einfach offen danach fragen, z.B.:

◆ Welche Firmen aus der Branche XY kennen Sie?
◆ Kennst du Leute, die im Einkauf arbeiten?
◆ Was fallen Ihnen für Unternehmen ein, die die Leistung X gebrauchen können?

Wichtig: Fragen Sie immer danach, ob Sie den Namen der Person, die Ihnen den Kontakt genannt hat, aktiv für die Akquise nutzen dürfen. Nicht jedem ist das recht.

Fragen Sie auch Ihre bestehenden Kunden: Es ist durchaus möglich, dass ein Kunde, der Leistung A in Anspruch nimmt, die Leistung B ebenfalls von Ihnen beziehen würde.

Wichtig: Richtige und qualitativ gute Adressen

Auch wenn es zeitlich attraktiver ist, Adressen fremd zu beziehen oder einfach aus einem Adressbuch herauszuschreiben: Sie tun sich einen größeren Gefallen, wenn Sie gut recherchierte bzw. geprüfte Adressen verwenden, die komplett sind.

Ein Mailing, das

◆ nur an ein Unternehmen (ohne direkten Ansprechpartner) gerichtet wird,

◆ an eine falsche oder längst ausgeschiedene Person adressiert ist,

◆ den Empfängernamen falsch buchstabiert oder die falsche Anrede nutzt,

kommt entweder gar nicht an oder macht einen schlechten ersten Eindruck.

> Qualitativ gute Adressen beinhalten die richtige Ansprechperson (Vorname, Name, Position bzw. Abteilung), sind immer aktuell und weisen keine fehlerhaften Firmenbezeichnungen oder falsch geschriebene Namen auf.

In vielen Fällen ist also die Recherche im Internet bzw. das Nachtelefonieren und Verifizieren von Kontaktdaten in Unternehmen unverzichtbar.

4.5 Auf welchen Wegen kann ich meine Zielgruppe erreichen?

Nun müssen Sie überlegen:

◆ Wo „ist" diese Zielgruppe? Welche Infoquellen nutzt sie? Auf welchen Veranstaltungen ist sie anzutreffen?

◆ Wie sehen meine kurz- und langfristigen Ziele aus ? (Vgl. weiter vorne – die Ergebnisse brauchen Sie nun.)

◆ Wie sieht mein Budget aus?

Gute Akquise muss nicht mit viel Geld verbunden sein.

Dennoch ist es wichtig, dass Sie sich im Vorfeld Klarheit darüber verschaffen, wie Ihr Budget für die Akquise aussieht, und zwar

◆ Ihre finanziellen Ressourcen, die Sie speziell dafür einsetzen möchten/können,

◆ Ihr persönlicher/zeitlicher – regelmäßiger! – Einsatz.

Je nachdem, wie Sie Ihre Möglichkeiten hier gewichten, können Sie die einzelnen Akquisewerkzeuge entsprechend planen und einsetzen. Ein Beispiel dazu:

Ein Programmierer hat eine Personalsoftware entwickelt. Er geht folgende Akquisewege:

◆ Er verschickt Pressemitteilungen an bekannte Personalfachblätter.
◆ Er macht ein Mailing an bekannte Firmen, deren Namen sich auf der Referenzliste gut machen.
◆ Er macht eine Internetseite, die neben Zusatzinformationen zum Programm auch eine Online-Demo beinhaltet.
◆ Er registriert sich bei zwei relevanten Websites, in der sich Personalfachleute aufhalten, und beteiligt sich an Diskussionen. So schafft er nicht nur Kontakte zur Branche, sondern verlinkt in seinem Profil auch auf seine Internetseite.
◆ Eine Woche nach Verschicken des Mailings hakt er telefonisch nach und bietet eine Präsentation im Unternehmen an, bei der er einen kostenfreien Kompatibilitätscheck anbietet, damit der Kunde weiß, ob das neue Programm reibungslos mit dem bisherigen System zusammenspielt und bestehende Daten übertragen werden können.
◆ Eine Messe wäre gut für einschlägige Kontakte, doch die meisten großen Messen sind unserem Freiberufler zu teuer. Darum sucht er gezielt nach relevanten, regionalen Personalfachtagungen. Damit die Teilnahmegebühr nicht zu hoch wird, teilt er sich mit einem Kollegen, der Websites programmiert, den Stand.

Auf den Punkt gebracht:

◆ Nur wer die eigenen Ziele und Erwartungen kennt, kann auch zielgerichtet akquirieren.

◆ Werden Sie sich über Ihre Vorstellungen klar: Wie soll Ihr Leistungsspektrum aussehen? Wie stellen Sie sich den idealen Arbeitstag/die ideale Tätigkeit vor? Welche Art von Kunden möchten Sie ansprechen? Wohin soll sich Ihr Business entwickeln?

◆ Bleiben Sie dennoch beweglich: Ziele und Erwartungen verändern sich auch mal – bewusste Kurskorrekturen sind immer möglich.

◆ Nur wenn Sie wissen, was Sie anstreben, können Sie die entsprechenden Zielgruppen direkt ansprechen.

◆ Daraus ergeben sich natürlich auch bestimmte Akquisewerkzeuge, die Sie für sich nutzen können!

Checkliste: Was haben Sie bereits in puncto Eigenakquise getan?

Nutzen Sie die Gelegenheit, um Bilanz zu ziehen. Wie aktiv sind Sie und mit welchem Erfolg haben Sie bislang akquiriert?

Die folgenden Checklisten verhelfen Ihnen zu einem Überblick:

Bisher habe ich

☐ eigentlich gar nicht akquiriert, die ——————————
  Aufträge haben sich immer ergeben ——————————

☐ immer mal wieder akquiriert, meis- ——————————
  tens wenn das Auftragsloch schon ——————————
  da war ——————————

☐ kontinuierlich akquiriert – und bin ——————————
  damit auch immer gut gefahren ——————————

☐ ständig akquiriert, aber außer viel ——————————
  Arbeit ist dabei nichts herausge- ——————————
  kommen ——————————

☐ ——————————

Schreiben Sie eine ausführliche Erklärung zu den angekreuzten Antworten auf, das hilft Ihnen bei Ihrer künftigen Akquise. Sie werden aufmerksamer dafür, was funktioniert hat und was nicht und wie Sie zu den einzelnen Punkten stehen.

Ebenso hier:

Mit folgenden Akquise-Werkzeugen habe ich bereits Erfahrung:

mache ich gern , weil …

mache ich nicht gern, weil …

- ☐ telefonieren ——————————— ☐
- ☐ Mailings verschicken ——————————— ☐
- ☐ Anzeigen schalten ——————————— ☐
- ☐ auf Messen: als Aussteller ——————————— ☐
- ☐ auf Messen: als Besucher ——————————— ☐
- ☐ persönliche Kontakte knüpfen ——————————— ☐
- ☐ aktiv netzwerken ——————————— ☐
- ☐ selbst Vorträge/Präsen- ——————————— ☐
  tationen halten
- ☐ mit bestehenden Kunden das ——————————— ☐
  Geschäft intensivieren
- ☐ alte „eingeschlafene" Kunden- ——————————— ☐
  beziehung wieder aktivieren
- ☐ persönliche Termine machen ——————————— ☐
- ☐ Pressearbeit ——————————— ☐
- ☐ mit dem Internet akquirieren ——————————— ☐
- ☐ ——————————— ☐

Ihre Einschätzung in puncto Akquise:

- ☐ Ich kann gut verkaufen und er- ———————————
  zähle anderen gern von mei-
  nem Business.
- ☐ „Es läuft schon" mit dem ———————————
  Selbstmarketing, aber besonders gern mach ich es
  nicht.
- ☐ Ich kann mich überhaupt nicht ———————————
  verkaufen.

Bitte erklären Sie Ihre angekreuzte Antwort so konkret wie möglich.

5 Persönliche Akquise

Gern auf Menschen zugehen und durch die Persönlichkeit überzeugen

Jeder Kontakt – ob im privaten oder beruflichen Zusammenhang – ist für Sie wichtig, denn er kann zu weiteren vielversprechenden Bekanntschaften oder direkt zu Aufträgen führen.

5.1 Kontakte knüpfen und nutzen

Damit wir uns richtig verstehen: Es geht nicht darum, Kontakte nur mit dem Hintergedanken zu knüpfen, dass diese für Sie in irgendeiner Form „nützlich" sein könnten. Jeder Kontakt, den Sie nur für den eigenen Vorteil pflegen, wird negativ auf Sie zurückfallen, denn gute Kontakte bedeuten immer ein Geben und Nehmen. Und zwar ohne das eine gegen das andere aufzurechnen.

Trotzdem gilt: Jeder Kontakt, ob persönlicher Natur oder rein geschäftsmäßig, kann für Ihr Geschäft vorteilhaft sein. Denken Sie hierbei nicht nur an die unmittelbare Geschäftsanbahnung: oft ergibt sich über mehrere Ecken oder auch erst nach einigen Jahren ein Ereignis, das auf einen früheren Kontakt zurückzuführen ist. Man weiß nie, wann welcher Kontakt eine Auswirkung hat.

Wir alle arbeiten gern auf Empfehlung. Von daher wenden wir uns natürlich auch im Geschäftsleben in erster Linie an Menschen und Unternehmen, mit denen wir bisher positive Erfahrungen gemacht haben.
Gibt es noch keine Erste-Hand-Erfahrungen, hört man sich in der Regel im eigenen Umfeld um, ob jemand jemanden kennt

oder gute Erfahrungen mit einem von uns gesuchten Dienstleister oder Lieferanten gemacht hat. Denn:

> Eine bessere Eintrittskarte für eine künftige Geschäftsbeziehung als einen persönlichen Kontakt oder eine Empfehlung durch jemanden, der einen persönlich kennt und weiterempfiehlt, gibt es kaum.

Darum sollten Sie auf jeden Fall verstärkt Ihr Augenmerk auf persönliche Kontakte legen:

◆ Knüpfen neuer Kontakte: Wichtig sind nicht nur einschlägige Kontakte, etwa zu Entscheidern aus der von Ihnen angestrebten Branche: jeder Kontakt, ob privat oder geschäftlich, kann hilfreich sein.

◆ Pflege und Nutzung vorhandener Kontakte: Kontakte wollen gepflegt werden. Und zwar nicht, wie bereits betont, aus reinem Eigennutz! Passen Sie die Intensität des Kontaktes Ihrem aufrichtigen Interesse an. Kontaktpflege bedeutet nicht, dem anderen ständig ins Blickfeld zu geraten. Auch ein lose aufrecht erhaltener, angenehmer Kontakt ist absolut in Ordnung.

Sicherlich haben auch Sie viele Kontakte, die eingeschlafen sind und die Sie wieder aufnehmen können. In solchen Fällen ist es wichtig:

◆ Sich vorher gut zu überlegen: Wen möchte ich erneut kontaktieren und warum?

◆ Klar zu sagen, worum es geht.

◆ Ein ehrliches Interesse am beidseitigen Kontakt zu haben.

Übrigens: Ein sehr schöner Zug ist es, für andere Leute die Augen offen zu halten. Beispielsweise können Sie, wenn Sie einen Artikel lesen, von dem Sie glauben, dass er einen Ihrer Kontakte interessieren wird, diesem eine Kopie zufaxen oder den Link schicken oder auch einen Hinweis auf eine Veranstaltung, eine interessante Website oder ein gutes Buch geben.

Stichwort Kollegenparanoia: Haben Sie keine Angst, auch mit Mitbewerbern gute Kontakte zu pflegen. Natürlich ist es angebracht, sich ein Bild davon zu machen, ob die andere Person ebenso offen ist und eine ausgewogene Geber-Nehmer-Mentalität mit in die Geschäftsbeziehung bringt. Gehen Sie selbstbewusst und ohne Misstrauen in jeden Kontakt. Gerade unter Kollegen werden nicht nur interessante Informationen oder Aufträge weitervermittelt, sondern auch wichtige Tipps und Erfahrungen ausgetauscht.

Für die persönliche Akquise ist wichtig:
◆ ein ehrliches Interesse an der anderen Person/am Kontakt
◆ es der anderen Person leicht zu machen, Kontakt zu einem selbst zu knüpfen
◆ aktiv auf andere zuzugehen
◆ klar und aussagekräftig formulieren zu können, was man tut
◆ überzeugend zu wirken

5.2   Stichwort Netzwerke

„Netzwerken" ist in aller Munde, jeder Mensch hat ein Netzwerk. Bei den meisten ist es einfach da und man würde es nicht Netzwerk nennen – es sind die persönlichen und geschäftlichen Kontakte, die man einfach hat und bei Bedarf nutzt, oft ganz automatisch und vor allen Dingen mit den Menschen, mit denen man sich gut versteht.
Darüber hinaus gibt es natürlich auch formelle Netzwerke, etwa über Berufs- und Branchenverbände, spezielle Frauennetzwerke, Treffen von Existenzgründern oder von Selbstständigen verschiedener Branchen.

Netzwerke sind oft nicht von Bestand, weil
◆ viele Teilnehmer nur darauf aus sind, Informationen und Vorteile herauszusaugen, ohne selbst etwas zu geben;

- sie oft zu „Laberstammtischen" verkommen;
- gerade bei Teilnehmern, die sich als Konkurrenz ansehen, der tatsächliche ehrliche Austausch nicht zustande kommt.

Meiner Erfahrung nach funktionieren Netzwerke dann, wenn
- sie sich aus dem ehrlichen Interesse aneinander ergeben,
- wenn man sich offen und gern miteinander austauscht,
- wenn ein aktives Geben und Nehmen entsteht, ohne dass man das aufrechnet, und
- wenn man die guten Leute in seinem Netzwerk auch miteinander in Kontakt bringt.

Dabei ist es nicht erforderlich, ständig in Kontakt zu stehen. Wenn eine gute gemeinsame Basis geschaffen wurde, besteht das „Band" zwischeneinander auch dann, wenn man ein Dreivierteljahr nichts voneinander hört.

5.3 Messen und Veranstaltungen

Einige sehr gute Möglichkeiten für Ihre Akquise ergeben sich über Messen und einschlägige Veranstaltungen, auf denen sich Ihre angestrebte Zielgruppe aufhält. Je nachdem, in welcher Branche Sie tätig sind, weitet sich die Akquise auch auf potenzielle Geschäftspartner oder Auftraggeber aus, bei denen Sie als Subunternehmer tätig werden können.

Wichtig ist, dass Sie sich zunächst genau darüber informieren, welche Messen/Veranstaltungen überhaupt interessant für Ihre angestrebte Zielgruppe sind. Das können sein
- Fach- oder Verbrauchermessen (national/international),
- regionale Veranstaltungen (branchenbezogene Firmenausstellungen, IHK-Veranstaltungen etc.),
- Veranstaltungen von Berufs- oder Branchenverbänden (Vorträge mit Ausstellungsmöglichkeit etc.).

Checkliste für Messe-Besucher

Vorbereitung:

- ☐ Verschaffen Sie sich einen Überblick über die Aussteller.
- ☐ Entscheiden Sie, wen und mit welchem Ziel Sie einen Stand besuchen möchten.
- ☐ Machen Sie sich einen realistischen Ablaufplan.
- ☐ Wenn Sie sich für viele Aussteller interessieren, setzen Sie Prioritäten, sodass Sie bei Zeitdruck vor Ort wissen, wer Ihnen am wichtigsten ist.
- ☐ Vereinbaren Sie mit ausgewählten Ausstellern vorab telefonisch einen Termin auf der Veranstaltung.
- ☐ Tauschen Sie Handynummern aus, wenn Sie Treffen auf der Veranstaltung vereinbart haben, oft verschieben sich Termine spontan.
- ☐ Nehmen Sie sich Schreibunterlagen mit, sodass Sie Ihren Plan vor Ort aktualisieren können und sich nach Ihren Gesprächen Notizen machen können.
- ☐ Nehmen Sie eine ausreichend hohe Anzahl Visitenkarten (lieber einen Stapel mehr) und sonstiges Werbematerial (Prospekte, Infoblätter o. Ä.) mit (ohne Material dazustehen oder nachkopieren ist peinlich).
- ☐ Nehmen Sie für besonders wichtige Termine ordentliche Präsentationsmappen mit.
- ☐ Überlegen Sie sich vorher, wie Sie sich und Ihr Unternehmen kurz und aussagekräftig vorstellen und welche Ziele Sie wie vorbringen möchten (unvorbereitet kommt man schnell ins „Labern").

Auf der Veranstaltung:

❏ Gehen Sie geplant vor und machen Sie ausreichend Pausen. Eine Veranstaltung – insbesondere wenn Sie sich selbst bei Firmen vorstellen – ist sehr anstrengend und erfordert Ihre volle Konzentration.

❏ Sammeln Sie gezielt Material! Gerade auf größeren Messen übernimmt man sich schnell und hat ein paar Kilo Papier gesammelt, das nur unnötig beschwert und später meist im Papierkorb landet. Nehmen Sie für Ihre Materialsammlung geeignete, bequem zu tragende Taschen mit.

❏ Fragen Sie am jeweiligen Stand zu Beginn immer nach, mit wem Sie reden, und zwar nach dem Namen und der Funktion. So vermeiden Sie doppelte Erklärungen.

Nach der Veranstaltung:

❏ Nehmen Sie sich unmittelbar nach der Messe die Zeit, Ihre geknüpften Kontakte auszuwerten: Material aussortieren, Notizen machen, Ihre Datenbank aktualisieren etc.

❏ Senden Sie versprochene Informationen zeitnah zu. Wichtig: keinen Serienbrief verschicken, sondern persönliche Briefe bzw. E-Mails versenden und inhaltlich auf das Gespräch Bezug nehmen.

❏ Haken Sie 1–2 Wochen später noch einmal telefonisch nach und bringen Sie sich in Erinnerung.

Checkliste für Messe-Aussteller

Vorbereitung:

☐ Wählen Sie die Veranstaltung, an der Sie teilnehmen, unter Kostengesichtspunkten gezielt aus (Standmiete/-ausstattung, Anreise/Unterkunft, Material, Zeitausfall).

☐ Melden Sie sich für besonders interessante Veranstaltungen frühzeitig an oder lassen Sie sich vormerken.

☐ Überlegen Sie, welche Standgröße sinnvoll ist. Eventuell können Sie sich den Stand auch mit jemandem teilen.

☐ Mieten Sie sinnvolles Standmobiliar (i.d.R. beim Veranstalter) an: Fläche für Infomaterial, Sitzgelegenheiten.

☐ Investieren Sie in einige Standard-Accessoires für Ihren Messestand: Firmenschild oder ein Poster, Tischdecke (sollte bis zum Boden reichen, damit Sie unter dem Tisch Material lagern können), Aufsteller für Prospekte/Flugblätter.

☐ Nehmen Sie Werbematerial und Visitenkarten in ausreichender Menge mit.

☐ Nehmen Sie Schreibutensilien und Büromaterial (Tesafilm, Schere, Papier, Malerkrepp, um die Wände zu nutzen, ohne sie zu beschädigen) mit.

☐ Entwerfen Sie verschiedene Flugblätter, auf denen Sie Ihre Leistungen beschreiben. Viele Leute verzichten auf ein Gespräch, nehmen lieber Material mit und melden sich später.

☐ Besorgen Sie sich ein großes Namensschild (etwa Scheckkartengröße). Bedrucken Sie das Schild mit Ihrem Logo, dem Firmennamen und (am deutlichsten) mit Ihrem Namen.

☐ Machen Sie sich Gedanken darüber, ob Sie an Ihrem Stand allein auskommen. (Wann machen Sie Pause? Bleibt der Stand leer, wenn Sie auf Toilette müssen? Was ist, wenn Sie längere Gespräche führen?)

Während der Veranstaltung:

☐ Bauen Sie frühzeitig Ihren Stand komplett auf und seien Sie pünktlich auf der Messe.

☐ Machen Sie es den Messebesuchern leicht, zu Ihnen zu kommen: Lächeln Sie; schauen Sie freundlich und grüßen Sie; zeigen Sie Ihre Aufmerksamkeit, ohne Personen zu bedrängen. Ein guter Gesprächseinstieg ist auch ganz allgemeiner Smalltalk („Oh, Sie haben ganz schön zu schleppen ...").

☐ Räumen Sie Ihr Infomaterial kontinuierlich auf und füllen es nach. Ein unaufgeräumter Stand wirkt chaotisch und schlampig.

☐ Auch wenn Sie in ein längeres Gespräch vertieft sind: Nehmen Sie alle Leute am Stand wahr. Manchmal möchten andere nur eine kurze Frage stellen oder etwas erwerben. Wenn Sie aufmerksam sind und das merken, können Sie ein laufendes Gespräch kurz und freundlich unterbrechen.

☐ Machen Sie sich nach einem Gespräch unbedingt Notizen: Wenn Sie etwas fest vereinbart haben, stecken Sie die entsprechende Visitenkarte mit Notiz gleich separat in eine mitgebrachte Hülle, damit Sie nach der Veranstaltung sofort dieser Vereinbarung nachgehen können; haben Sie sich zunächst unverbindlich ausgetauscht, so machen Sie sich nach dem Gespräch auf der Visitenkarte Ihres Gesprächspartners einige Notizen, damit Sie sich später erinnern.

☐ Wenn Sie hochwertiges Ansichtsmaterial auslegen oder etwas verkaufen, befestigen Sie deutlich sichtbar Preise daran, damit es nicht als „kostenloses Informationsmaterial" interpretiert wird.

☐ Trinken Sie viel Wasser während der Veranstaltung. Die oft schlechte Luft, die pausenlosen Gespräche und der Trubel bringen Sie schnell an Ihre Konzentrationsgrenzen. Ausreichend trinken hilft Ihnen, aufmerksam und geistig auf der Höhe zu bleiben.

5.4   Vorträge und Präsentationen

Eine gute Möglichkeit, sich auch fachlich intensiver vorzustellen, sind Vorträge und Präsentationen. Prädestiniert hierfür sind Messen oder sonstige Veranstaltungen, auf denen sich Ihre Zielgruppe tummelt. Nicht immer ist das Vortragsprogramm nur auf Aussteller begrenzt, je nach Veranstaltung gibt es ein separates Rahmenprogramm, für das Sie sich anbieten können. Ein kleiner Tipp aus eigener Erfahrung: Sie bekommen weitaus mehr und konkrete Resonanz, wenn Sie nicht nur zum Zeitpunkt Ihres Vortrages, sondern ständig auf der Veranstaltung anwesend und ansprechbar sind.

> Wenn Sie meinen, dass eine bestimmte Veranstaltung eine interessante Plattform für Sie ist, nehmen Sie rechtzeitig Kontakt mit dem Veranstalter auf.

Wenn Sie ein interessantes Vortragsthema haben, das für die Besucher einen Mehrwert darstellt, können sie häufig einen Deal mit dem Veranstalter machen, etwa nach dem Motto: „Ich halte einen einstündigen Vortrag und bekomme dafür einen kleinen Stand auf der Messe".

Für Vorträge gilt: Sie müssen einen objektiven Informationsgehalt für das Publikum haben. Reine Heizdeckenveranstaltungen ermüden, verärgern und erweisen sich als Schuss in den Ofen.

Ein Vortrag wirkt für Sie optimal, wenn dieser

- ◆ ein für die Zuschauer interessantes Thema anspricht,
- ◆ zahlreiche Tipps aus der Praxis gibt, sodass sich die vom Zuhörer investierte Zeit „lohnt",
- ◆ möglichst natürlich vorgetragen wird (kein unverständlicher Fachjargon, keine Endlosfolien ...),
- ◆ etwas von Ihnen preisgibt und Ihre Kompetenz (anhand der Inhalte und nicht durch platte Werbeparolen) unterstreicht,
- ◆ Sie auch persönlich in positivem Licht erscheinen lässt.

Wichtig ist natürlich, dass Sie sich, bevor Sie in das Thema einsteigen, bei Ihren Zuhörern kurz vorstellen, damit diese wissen, mit wem sie es zu tun haben.

Wenn Sie einen Stand haben, bieten Sie am Ende des Vortrages an, dass Sie Ihren Zuhörern jederzeit an Ihrem Stand für individuelle Fragen zur Verfügung stehen – und nennen Sie auch den Standort!

Wenn Sie einen Internetauftritt haben, können Sie auch anbieten, eine Zusammenfassung des Vortrages dort zu hinterlegen. Damit bringen Sie Besucher auf Ihre Website und erhöhen die Wahrscheinlichkeit eines Kontaktes.

Legen Sie außerdem Visitenkarten und/oder Werbematerial auf einem Tisch im Vortragsraum aus.

Buchtipps zum Thema „Vorträge halten", und „Erfolgreich präsentieren" finden Sie im Anhang dieses Buches.

5.5   Termine bei Interessenten

Viele Selbstständige verlegen sich bei ihrer persönlichen Akquise darauf, möglichst Termine zu vereinbaren. So verständlich der Wunsch nach einem Termin ist, um sich und sein Unternehmen gleich persönlich vorzustellen, so unrentabel kann diese Vorgehensweise sein:

Eine selbstständige Finanzdienstleisterin beschäftigte eine Vollzeitkraft für die Telefonakquise, deren Ziel es sein sollte, Termine zu vereinbaren. Diese Strategie führte jedoch zum einen dazu, dass sehr viele prompte Absagen kamen, da die Telefonakquise-Dame keine Ahnung von den Inhalten hatte und somit auf Nachfragen nicht reagieren konnte, also keinen guten Eindruck hinterließ. Zum anderen konnte sie nicht sinnvoll ausloten, ob und in welcher Form ein Termin überhaupt Sinn ergibt. Bei den Leuten, die zu einem Termin bereit waren, kam deshalb meistens vor Ort erst heraus, dass kein echtes Interesse vorhanden war oder nur ein Mini-Auftrag in Erwägung gezogen wurde. Die Selbstständige hatte also hohe Kosten für die Telefonakquise und fuhr ansonsten hektisch durch die Region, um Termine wahrzunehmen, die meistens vergebens waren.

Wenn Sie mit Endkunden zusammenarbeiten, überlegen Sie sich, wie Sie eine Gruppe von Interessenten terminlich zusammenfassen können.

Hierzu könnten Sie beispielsweise einmal im Quartal einen *Informationsabend zu einem aktuellen Thema* veranstalten und neben bestehenden Kunden auch neue Interessenten einladen bzw. Ihre bestehenden Kunden bitten, neue Interessenten mitzubringen.

Übrigens gilt das auch für Business-to-Business-Termine. Ob Sie selbst Ihr Unternehmen präsentieren möchten oder ob eine Firma eine Präsentation verlangt: Wägen Sie in allen Fällen zunächst ab, ob der eingeschlagene Weg der richtige ist – und wenn ja, in welcher Form Sie das Optimum herausholen können, damit *Aufwand und zu erwartendes Ergebnis im Verhältnis* stehen.

Eine Firma aus Berlin sucht eine Unternehmensberatung für ein monatelanges Restrukturierungsprojekt. Sie kontaktiert eine Beratungsfirma in München und verlangt die Anreise für eine Unternehmenspräsentation von 15 Minuten – es würde eine größere Anzahl von Unternehmensberatungen eingeladen und nach den diversen Präsentationen würde man sich entscheiden.

Hier muss die Beratungsfirma aus München abwägen, ob sie die lange Anreise nach Berlin auf eigene Kosten für eine Viertelstunde Wettbewerbspräsentation in Kauf nehmen will (mitzurechnen ist hier nicht nur die Anreise und Unterkunft, sondern auch der Zeiteinsatz). Wichtig ist auch die Klärung der Frage: Wenn der Auftrag tatsächlich an sie ginge, würde ein monatelanger Einsatz in Berlin überhaupt ins Konzept der Firma passen und sind genügend zeitliche Ressourcen dafür vorhanden?

5.6 Bestehendes Geschäft intensivieren

Akquise bedeutet nicht nur das Bemühen um Neukunden, sondern natürlich auch das Intensivieren bestehender Geschäftskontakte. Gerade Selbstständige versäumen es leider oft, mit den bestehenden Kunden in engem Kontakt zu bleiben.

> Halten Sie sich immer vor Augen, dass neben der fachlich einwandfreien Ausführung auch der persönliche Kontakt wichtig ist.

Möglichkeiten um den Kontakt zu halten sind beispielsweise:

- ◆ sich nach einem Auftrag gesondert bedanken, d.h. zu sagen, was Sie an der Zusammenarbeit besonders gut fanden;
- ◆ wenn Sie gern mit einer bestimmten Person zusammenarbeiten, ein schriftliches Lob an deren Chef schicken (das darf jedoch niemals eine bloße Taktik sein!);
- ◆ Informationen, die für Ihre Kunden interessant sein könnten (Artikel, Hinweise zu Veranstaltungen, Webtipps etc.), an diese faxen oder mailen;
- ◆ je nach Art Ihrer Leistung ein Erinnerungsservice (z.B. Friseur erinnert nach einigen Wochen an den neuen Haarschnitt, ein Zahnarzt erinnert an einen Check-up-Termin etc.);
- ◆ eine persönlich formulierte (!) Weihnachtskarte schicken, eventuell mit einem kleinen Präsent;
- ◆ zu den Geburtstagen Ihrer Kunden (manche Dienstleister haben die Geburtsdaten von Haus aus in ihren Kundendaten) eine individuell formulierte Glückwunschkarte schicken oder persönlich anrufen;
- ◆ Ihre Kunden zu Veranstaltungen oder Messen einladen. (Achtung: Das muss nicht heißen, dass Sie den Eintrittspreis übernehmen. Allerdings sollten Sie das unmissverständlich formulieren.)

Das sind nur einige Anhaltspunkte. Wichtig ist: Je intensiver der Kontakt und je aufmerksamer Sie sind, desto eher sind Sie bei Ihren Kunden im Gedächtnis. Und diese erkennen es an, wenn Sie sich aufrichtig persönlich bemühen und kümmern und nicht aufdringlich und allgemein „werben".

Es ist wahrscheinlich, dass Ihr Kunde Sie lediglich mit einer bereits in Anspruch genommenen Leistung assoziiert. Wenn Sie ein breiteres Leistungsspektrum haben, so müssen Sie dafür Sorge tragen, dass die Kunden Ihr gesamtes Angebot kennen lernen.

Die Akquise bei bestehenden Kunden muss pro-aktiv sein. Dazu gehört beispielsweise, dass Sie:

◆ herausfinden, wo Bedürfnisse bestehen,
◆ erfahren, wie Ihr Kunde über Sie denkt bzw. was er von Ihren Leistungen/Ihren Produkten weiß,
◆ sich verkaufsfördernd verhalten, ohne aufdringlich zu sein,
◆ Rahmenvereinbarungen und eine engere Geschäftsverbindung anstreben/vorschlagen,
◆ ernsthaft an Ihren Kunden interessiert sind,
◆ offen Ihr Interesse bekunden und begründen.

Sagen Sie Ihren Kunden ruhig ganz direkt, dass Sie gern mehr für sie tun würden. Wenn Sie das Gefühl haben, dass jemand eine bestimmte Leistung nicht kennt, oder Sie eine neue Leistung/ein neues Produkt ins Programm nehmen, dann informieren Sie Ihre bestehenden Kunden darüber. Gehen Sie hierbei auf die individuellen Bedürfnisse Ihrer Kunden und auf bisherige Aufträge ein, senden Sie keinesfalls nur ein allgemeines Mailing.

Auf den Punkt gebracht:

◆ Wichtig für die persönliche Akquise ist eine positive Einstellung den Menschen gegenüber und ein aufrichtiges Interesse.

◆ Nur wenn Sie von sich überzeugt sind und auch klar wissen und benennen können, was Sie anbieten, bleibt bei Ihrem Gegenüber ein konkreter Eindruck hängen.

◆ Alle gezielten persönlichen Auftritte sollten sorgfältig ausgewählt sein (Stichwort: zeitliche Ressourcen) und immer hinsichtlich des zu erwartenden Verhältnisses von Aufwand und Ergebnis geprüft werden.

◆ Nervosität oder gar eine Scheu vor persönlicher Akquise – seien es Kundenpräsentationen, Smalltalk bei Veranstaltungen oder das Sprechen vor großen Gruppen – ist völlig normal: Diese Scheu können Sie jedoch ablegen, indem Sie sich gezielt mit Ihren Vorbehalten auseinander setzen und Ihren guten persönlichen Auftritt trainieren. Eine der wichtigsten Erfolgsfaktoren ist die Regelmäßigkeit.

Verschiedene Akquisetypen

Je nach Persönlichkeit und eigener Einstellung gibt man sich nach außen. Oft ist einem gar nicht so richtig bewusst, wie man wirkt. Hier eine kleine Liste von „Akquise-Typen", die Ihnen dabei helfen soll, etwas bewusster auf die Nuancen zu achten:

Mitreiß-Akquise

Der Mitreißer ist aufrichtig begeistert, von dem, was er tut. Er weiß, was er kann, und tut sich leicht damit, auf andere zuzugehen. Durch seine lebendige und sympathische Art kommt er gut an. Kippen kann das, wenn der Mitreißer vor lauter Begeisterung die Informationen vernachlässigt, seine eigenen Grenzen überschreitet oder Bedenken seines Gegenübers wegwischt und schönredet.

Fakten-Akquise

Hier wird mit reinen Informationen und Fakten argumentiert: Praxiserfahrung, berufliche Stationen, nachweisbare Kompetenzen, Fortbildungen, Abschlüsse, Methoden. Das Fachliche steht im Vordergrund. Die Gefahr ist, dass das Persönliche zu kurz kommt und man sich als Mensch nicht greifbar genug macht. Wenn der Beweggrund dafür Unsicherheit ist, dann wird das schnell deutlich.

Kampf-Akquise

Es gibt Leute, die gehen davon aus, dass ihr Gegenüber eine Antihaltung einnehmen wird – egal, wer es ist und worum es geht. Mit dieser Gewissheit wird auf Gegenrede und missionarische Argumentation geschaltet. So kann es sein, dass man ständig offene Türen einrennen möchte – und letztlich sehr anstrengend beim Geschäftskontakt ankommt.

Jammer-Akquise

Hier fühlt sich die akquirierende Person benachteiligt und geht davon aus, dass vermutlich nichts zustande kommen wird. Gerade wenn häufig Absagen kommen oder die Auftragslage kontinuierlich dürftig ist, wird schnell ein „Geben Sie mir doch bitte eine Chance"-Eindruck erweckt. Damit kommt ein Teufelskreis in Gang, denn dieses Verhalten wirkt extrem unsicher und: niemand gibt im Geschäftsleben jemandem einen Auftrag, nur weil dieser den braucht.

Passiv-Akquise

Das ist die sehr zurückhaltende Form der Akquise. Da wird vermieden, sich auch nur den Anschein des Verkaufen-Wollens zu geben. Stattdessen wird versucht, dezent und durch die Blume auf die eigene Leistung hinzuweisen, hoffend, dass dadurch Aufträge entstehen. Abgesehen davon, dass auch hier der Verdacht der Unsicherheit nahe liegt, kann noch etwas viel Schlimmeres passieren: Da Passiv-Akquisler häufig zwar Kontakt mit Kunden/Geschäftskontakten halten, jedoch immer mit irgendwelchen Nebeninformationen, kann der Eindruck entstehen, dass man total ausgelastet ist – und dadurch Kunden nicht mit Aufträgen kommen, obwohl sie welche hätten.

Aufdräng-Akquise

Das ist der Gegensatz zum Passiven: Hier wird gnadenlos auf eine andere Person eingeschwätzt – oft mit üblichen Verkaufstaktiken. Es wird schnell klar, dass die Person sich entweder gern reden hört oder einen Guerilla-Verkauf-Kurs mitgemacht hat. Das Gemeine ist, dass dahinter häufig Personen stecken, die gut in ihrem Job und die „eigentlich ganz anders" sind. Durch Verkaufstipps in Literatur und Kursen haben sie sich jedoch ein Verhalten angewöhnt, das sie zum „perfekten Verkäufer" machen soll – und tatsächlich ein Schuss ins Knie ist.

6 Akquise am Telefon

Persönlicher als die schriftliche Akquise und zeitlich vorteilhafter als persönliche Termine

6.1 Keine Angst vor dem Telefon!

Viele Menschen tun sich schwer oder haben eine regelrechte Abneigung gegen Akquisegespräche am Telefon. Die Vorbehalte sind vielfältig – einige typische Beispiele:

◆ Man möchte nicht lästig erscheinen, denn man weiß, dass der Gesprächspartner viele Anrufe dieser Art bekommt.

◆ Man hat Angst davor, einen Korb zu kassieren – eventuell sogar auf unhöfliche Weise.

◆ Man weiß nicht recht, wie man an den eigentlichen Entscheider kommt.

◆ Man fühlt sich besser, wenn man sich persönlich vorstellen und ein unmittelbares Band zum Gegenüber knüpfen kann.

◆ Man fühlt sich zeitlich gedrängelt und wie ein „Staubsaugervertreter".

Egal, ob es sich um ein Akquisegespräch handelt, ob Sie Auskünfte geben oder ob es um eine Reklamation geht: Es gibt einige wesentliche Aspekte, die Sie beachten können, um wirkungsvoll zu telefonieren und sich mit dem Telefon wohl zu fühlen.

Das A und O ist eine gute Vorbereitung, bevor Sie zum Hörer greifen.

Stimme

Am Telefon sind Sie völlig reduziert auf Ihre Stimme. Zudem gehen über die Telefonleitung schnell Verständlichkeit und Inhalte verloren. Darum ist es wichtig, dass Sie langsam(er) und betont(er) sprechen (als im direkten Gespräch). Machen Sie auch Gesprächspausen und sprechen Sie mit Melodie, also abwechslungsreich. Insbesondere Menschen mit einem begrenzten Tonumfang hören sich ansonsten leicht eintönig an. Dadurch geht Aufmerksamkeit verloren.

Mit bewusster Variation von Klang und Betonung machen Sie einen angenehmeren Eindruck und stellen sicher, dass Ihre Inhalte auch ankommen.

Mimik

Dass man am Telefon hört, ob Sie ein strenges Gesicht machen oder gar vor Konzentration angespannt sind, ist weithin bekannt. Auch für das eigene Wohlbefinden am Telefon ist es natürlich wichtig, dass Sie locker und entspannt sind.

Achten Sie deshalb bewusst darauf,

◆ freundlich zu schauen,
◆ sich immer wieder zu entspannen, also nicht unwillkürlich die Stirn zu runzeln oder den Unterkiefer anzuspannen, wie das besonders bei Nervosität oft unbewusst passiert.

Der Tipp, sich einen Smiley ans Telefon zu kleben, der Sie daran erinnert, ein freundliches Gesicht zu machen, ist altbekannt – und es ist tatsächlich ein guter Rat.

Weniger verbreitet ist der Tipp, mit einem Spiegel zu telefonieren:

Stellen Sie einen kleinen Standspiegel so neben das Telefon, dass Sie Ihre Mundpartie sehen können.

Probieren Sie es aus! Meine eigene Erfahrung ist, dass man viel besser und lockerer telefoniert. Und das hat zwei Gründe:

◆ Man sieht die eigene Mimik und
◆ man hat ein Gegenüber.

Haltung

Auf Ihre Stimme und Wirkung am Telefon wirkt sich Ihre gesamte Haltung ebenfalls aus. Probieren Sie es ruhig einmal aus: Wie fühlen Sie sich, wie verändert sich Ihre Stimme, wenn Sie rastlos hin- und hertigern, wenn Sie sich angestrengt vorbeugen und in der Körpermitte einknicken, wenn Sie lässig im Stuhl zurückgelehnt sind, wenn Sie aufmerksam und konzentriert aufrecht sitzen?

Bei der Haltung beim Telefonieren empfiehlt es sich unbedingt:

◆ eine stabile Haltung einzunehmen, also beispielsweise mit beiden Beinen auf dem Boden zu stehen, anstatt die Beine um die Stuhlbeine zu schlingen oder übereinander zu schlagen

◆ frei und offen zu sitzen oder zu stehen, also sich nicht zusammenzukrümmen oder die Schultern hängen zu lassen oder etwa, wenn Sie mit Headset telefonieren, die Arme zu verschränken

Konzentration

Seien Sie auch am Telefon ein guter Zuhörer: Konzentrieren Sie sich voll auf Ihren Gesprächspartner.
Sorgen Sie dafür, dass Sie durch nichts abgelenkt werden (Radio, Straßenlärm, andere Leute in Ihrem Umfeld ...) und machen Sie vor allen Dingen nichts nebenbei (E-Mails lesen, etwas eintippen, Post durchschauen ...). Das ist unhöflich, nimmt Ihnen Aufmerksamkeit und kommt bei Ihrem Gegenüber sehr wohl an – und zwar äußerst schlecht.

Total tabu ist es, nebenbei zu essen, zu trinken oder zu rauchen!

Auch wenn Sie glauben, dass Sie dies unbemerkt tun können: Das stimmt nicht. Man hört es und es ist extrem unangenehm für Ihren Gesprächspartner.

Sicherheit

Wie bereits mehrfach erwähnt, ist es wichtig, dass Sie sich Ihrer sicher sind. Nur dann kommen Sie auch überzeugend rüber und können zielgerichtet vorgehen.

Die Sicherheit bezieht sich auf
◆ Ihr Angebot (Leistung/Produkt),
◆ Ihre Person (als Lieferant/Dienstleister),
◆ das aktuelle Telefongespräch.

Wenn es Aspekte gibt, bei denen Sie nicht ganz sicher sind, dann konfrontieren Sie sich damit, bevor Sie zum Hörer greifen!

Einstellung

Ihre Einstellung spielt ebenfalls eine große Rolle dabei, wie Sie ankommen und ob Ihre Telefongespräche erfolgreich sind.

Gemeint ist Ihre Einstellung
◆ zu sich selbst und Ihrem Angebot,
◆ zu Ihrem Gesprächspartner,
◆ zur Sache, also in diesem Fall zum Inhalt und zum Telefongespräch an sich.

Wer telefonieren hasst, seinen Gesprächspartner nicht leiden kann oder einfach Angst hat, wird niemals telefonisch seine Ziele erreichen. Versuchen Sie deshalb unbedingt, zu einer positiven Einstellung in allen Bereichen zu gelangen.

Zeigen Sie immer Respekt!

Dieser Rat geht Hand in Hand mit dem Punkt Einstellung: Es ist wichtig, dass Sie am Telefon immer Respekt haben und zeigen, und zwar bezogen auf
◆ Ihren Gesprächspartner,

- die Zeit Ihres Gesprächspartners (und auch Ihre eigene)
- und auf die Inhalte.

Das bedeutet, dass Sie
- auch respektvoll und höflich mit Gesprächspartnern umgehen, wenn Sie genervt sind;
- sich gut vorbereiten, um nicht unnötig Zeit zu verschwenden;
- Rücksicht darauf nehmen, dass Sie Ihren Gesprächspartner mit Ihrem Anruf aus einer anderen Arbeit herausgerissen haben;
- sich anhören, welche Fragen/Bedürfnisse Ihr Gegenüber hat, und ihm nicht nur Ihre Argumente „reindrücken".

Aufrichtigkeit

Manchmal gibt es Flunkereien, die einem praktisch erscheinen:

Man hat einen Fehler gemacht und schiebt es auf jemand anderen. Man hat eine Antwort verschludert und schiebt es aufs E-Mail-Programm oder die Post. Sie geben vor, einen großen Nachlass zu geben, obwohl Sie in Wirklichkeit den regulären Preis verlangen, auf den sie zuvor künstlich einen großen Aufschlag gemacht haben.

Hier der dringende Rat: Lügen Sie Ihre Gesprächspartner niemals an.

Eine gute Geschäftsbeziehung muss durch Vertrauen und Aufrichtigkeit geprägt sein, um für beide Seiten angenehm zu sein, stabil zu werden und idealerweise lange zu halten.

Außerdem werden Sie, wenn Sie aufrichtig sind, viel eher und gern weiterempfohlen.

6.2 Tipps für gute Telefonakquise

Telefonakquise ist anstrengend – insbesondere natürlich die Kaltakquise. Es ist daher wesentlich, dass Sie

- ◆ überlegt und strukturiert vorgehen,
- ◆ sich individuell vorbereiten,
- ◆ konkrete Ziele haben (Plan A/Plan B),
- ◆ sich mit dem Telefon wohl fühlen,
- ◆ sicher in eigener Sache sind,
- ◆ sich realistische Ziele setzen,
- ◆ Zeit dafür schaffen und kontinuierlich am Ball bleiben,
- ◆ Pausen machen.

Vorbereitung – geplant vorgehen

Bereiten Sie sich, bevor Sie zum Hörer greifen, individuell und gut vor. Dazu gehört, dass Sie sich über folgende Fragen klar werden:

- ◆ Bei Kaltakquise: Mit wem möchten Sie sprechen?
- ◆ Bei Neukundenakquise: Mit wem haben Sie es zu tun? (z.B. Funktion des Gesprächspartners, Branche des Unternehmens, Leistungen/Produkte des Unternehmens)
- ◆ Was sind die konkreten Ziele Ihres Gespräches? Beispielsweise „XY als Kunde gewinnen" ist kein konkretes Ziel. Schlüsseln Sie auf, ob Sie ein Angebot anstreben oder einen persönlichen Termin oder ob Sie vielleicht nur die Daten des richtigen Ansprechpartners herausbekommen oder nähere Informationen/Bedürfnisse (welche?) des potenziellen Kunden erfahren wollen etc.

Weiterhin sollten Sie:

- ◆ alle wichtigen Eckdaten bzw. Ihre Ziele bereitlegen,
- ◆ natürlich etwas zu schreiben haben,
- ◆ wichtige Infos über Ihre eigenen Leistungen/Produkte greifbar haben (wenn Sie entsprechende Daten im Computer haben, diese bereits aufrufen),
- ◆ wenn es sich um einen Anruf handelt, dem ein Kontakt vorausging, Sie also schon konkrete Fragen/Bedürfnisse Ihres (potenziellen) Kunden kennen: diese vorbereiten und sich wichtige Stichpunkte dazu notieren.

◆ wenn Sie selbst schon wissen, welche Art von Informationen Sie noch benötigen – etwa für ein aktuelles Angebot oder um generell wichtige Informationen zu diesem möglichen Kunden zu erhalten –, diese Fragen notieren und in eine sinnvolle Form bringen.

Kreieren Sie sich doch ein eigenes Formblatt für Ihre Akquise-Anrufe.

Sie können dort die wichtigsten Informationen zu Kundendaten und Informationen sinnvoll anordnen. Damit haben Sie immer einen roten Faden und vergessen nicht, bestimmte Informationen zu erfragen.

Der Gesprächseinstieg

Schon der Gesprächseinstieg entscheidet darüber, wie Sie ankommen. Hier werden die Weichen gestellt, ob Sie weiterkommen oder abgewimmelt werden.

Die gute Vorstellung

Stellen Sie sich immer deutlich und möglichst ausführlich vor. Ihr Gegenüber hat nicht die Möglichkeit, sich vorab auf Sie und Ihr Gespräch einzustellen. Das Telefon klingelt und schon sind Sie dran. Abgesehen von dem Überraschungseffekt steckt die angerufene Person gedanklich noch in einem anderen Vorgang oder ist vielleicht mit diversen klingelnden Leitungen beschäftigt. Beginnen Sie also am besten erst einmal mit dem Gruß, nennen Sie dann Ihren Namen/die Firma und erst dann Ihr Anliegen:

„Guten Tag, mein Name ist Gitte Härter von der Firma objektiv hier in München. Ich hätte gern mit jemandem aus der Personalabteilung gesprochen."

„Guten Morgen, Ingenieurbüro Peters, mein Name ist Harald Maier. Wer ist bitte bei Ihnen für die Gebäudeverwaltung zuständig?"

Muss man den Vornamen nennen?

Sie müssen nicht, aber es ist vorteilhaft, denn durch den Vornamen – der ja meist geläufig ist – geben Sie Ihrem Gesprächspartner die Möglichkeit sich auf den folgenden Nachnamen vorzubereiten. Die Wahrscheinlichkeit, dass (bei deutlicher Aussprache) dieser dann sofort verstanden und richtig weitergegeben wird, ist höher. Ausnahmen sind komplizierte bzw. seltenere Vornamen, die eher verwirren.

Muss man die Firma näher bezeichnen?

Auch das müssen Sie nicht, aber Ihrem Gesprächspartner hilft es, Ihren Anruf sofort einzuordnen und auch richtig zu entscheiden, wer die beste Ansprechperson ist.
Sie ersparen Ihrem Gesprächspartner und sich selbst langes Nachfragen, wenn Sie direkt sagen, was Ihr Unternehmen tut, bzw. von sich aus einordnen, worum es geht.

Wird das Ganze nicht zu lang?

Nein, das kommt einem nur selbst manchmal so vor, insbesondere weil man die eigene Firma/den eigenen Namen häufig nennt und einem das deshalb selbstverständlich vorkommt. Es ist wesentlich kundenfreundlicher, die Informationen langsam und ausführlich zu geben, anstatt ein „Ingenieurbüro Peters, Meier" zu murmeln.

> Wenn Ihr Gegenüber seinen Namen nennt und Sie sicher sind, dass Sie ihn richtig verstanden haben, dann nennen Sie Ihren Gesprächspartner auch beim Namen.

„Hallo Frau Huber, hier spricht Gitte Härter von der Firma objektiv. Verbinden Sie mich bitte mit Frau Müller."

An die richtige Person kommen

Häufig wird geraten, dass man an der Rezeption oder Assistenz „irgendwie vorbeikommen" muss. Damit fangen dann oft die unangenehmen Tricks an, die leider nur erreichen, dass Ihr Ansehen beschädigt wird.

Versetzen Sie sich in die umgekehrte Lage. Wie würden Sie sich fühlen, wenn jemand versucht, Sie am Telefon zu umgehen, Sie als „Hiwi" links liegen lässt oder sogar irgendwelche Tricks versucht, um direkt zu Ihrem Chef durchgestellt zu werden?

positiv	negativ
mit allen Gesprächspartnern respektvoll umgehen, d.h. freundlich grüßen, mit Namen ansprechen etc.	vorgeschaltete Gesprächspartner (Rezeption, Sekretariat) „abtun" und versuchen, sie zu umgehen
den Empfang oder die Assistenz zu Verbündeten machen, indem Sie um Unterstützung bitten, Ihr Anliegen direkt nennen etc.	sich verhalten nach dem Motto „Sie brauchen mich unbedingt!"
	keine Informationen geben
	Lügen, z.B. wenn Sie so tun, als wäre der Anruf privater Natur
	„Einschleimen" als Taktik

Positive und negative Verhaltensweise im Umgang mit vorgeschalteten Gesprächspartnern

Gerade weil Unternehmen täglich sehr viele Anrufe bekommen, fallen Sie sofort positiv aus dem Rahmen, wenn Sie freundlich und „normal" mit den Leuten sprechen, Ihr Anliegen direkt nennen und um Unterstützung bitten:

„Hallo Frau Huber, bin ich jetzt beim Sekretariat vom Einkaufsleiter? Wunderbar. Ich bin selbstständige Trainerin für Telefonkurse und möchte Sie gern als Kunden gewinnen. Mit wem spreche ich da am besten?"

„Natürlich sage ich Ihnen gerne, worum es geht. Ich habe in der Zeitung gelesen, dass Sie einen Entwickler suchen. Ich bin selbstständiger Ingenieur. Arbeiten Sie auch mit Freiberuflern?"

Übrigens ist in vielen Unternehmen das Sekretariat sogar ein maßgeblicher Filter, welche Art von Lieferanten/Dienstleister ausgewählt wird.

Während des Gesprächs

Nun kommt es auf Ihre gute Vorbereitung an: Ihre eigenen Ziele dienen Ihnen als roter Faden, Ihr Hauptaugenmerk sollte jedoch selbstverständlich auf Ihrem Gesprächspartner liegen.

Sie kennen die üblichen „Telefonverkäufer" – und zwar die von der Sorte, die Sie vermutlich selbst scheuen, denen man es anmerkt, dass sie mit so genannten Telefonskripten telefonieren, in denen die Gesprächsabläufe mehr oder weniger vorgegeben sind und die teilweise abgelesen werden.
Bitte machen Sie diesen Fehler nicht! Sie sollen nicht „perfekt" erscheinen und ohne Punkt und Komma irgendwelche Werbeparolen von sich geben. Das geht ohnehin eher nach hinten los.

positiv	negativ
– eingehen auf Gesprächspartner – aussagekräftige Informationen geben – gezielt nachfragen – „auf Kurs" bleiben – aktiv verkaufen	– ständige „Einwandbehandlung" – reines „Werbegeplapper" – nerven, aufdringlich sein – etwas aufschwatzen wollen – nur reaktiv handeln

Positive und negative Verhaltensweisen während des Gesprächs

Denken Sie daran: Insbesondere als Einzelunternehmer ist neben Ihrer fachlichen Kompetenz auch Ihre Person wichtig.

Nutzen Sie das Telefon dafür, sich auch als Mensch zu präsentieren und normal mit den Leuten zu reden.

Dann fühlen Sie sich selbst auch viel wohler.

Wichtig für ein angenehmes und erfolgreiches Akquisegespräch ist, dass Sie

◆ Ihre Ziele verfolgen UND GLEICHZEITIG auf Ihr Gegenüber eingehen,

◆ durch viele Fragen Informationen und Bedürfnisse erfahren und das Gespräch lenken,

◆ sich anbieten, aber nicht anbiedern.

Vollkommen abraten möchte ich Ihnen von den Floskeln, die in
Verkäuferratgebern oft vermittelt werden:
– „Sicherlich finden Sie auch ...“
– „Bestimmt haben Sie ...“
– „Möchten Sie XY % sparen, dann sollten Sie ...“
– „Was würden Sie sagen, wenn Sie ...?“

Auch Seitenhiebe auf Wettbewerber wirken sich nachteilig für
Sie aus. Ich erinnere noch mal an den Grundsatz:

Argumentieren Sie für sich und nicht gegen andere.

Sagen Sie einfach geradeheraus, was Sie möchten:
„Ich möchte Sie gern als Kunden gewinnen ...“

„Schön, dass Sie mit Ihrem Lieferanten für XY so zufrieden sind! Darf ich Ihnen trotzdem unverbindlich ein Angebot machen?“

Fragen sind während des Gespräches besonders wichtig. Sie
helfen Ihnen nicht nur, ein flüssiges Gespräch in die Gänge zu
bringen, sondern auch, den Kurs zu bestimmen. Es gilt der bekannte Grundsatz „Wer fragt, führt das Gespräch“.

Übung

Beobachten Sie einmal bei den folgenden beiden Gesprächen den genauen Verlauf: Welche Themen werden besprochen? Wann nimmt das Gespräch welche
Wendung? Wer hat diese initiiert? Wodurch?

Gespräch 1:

Firma: „Medienagentur Meier, Margot Huber, guten Tag"

Herr Schwertfeger: „Guten Tag, hier ist Schwertfeger, ich möchte mit Herrn Walter sprechen."

Frau Huber: „Herr Walter ist momentan in einer Besprechung, worum geht es denn?"

Herr Schwertfeger: „Das möchte ich lieber persönlich besprechen. Wann ist er denn zu sprechen?"

Frau Huber: „Das kann ich noch nicht abschätzen. Sie können gern mit mir darüber sprechen."

Herr Schwertfeger: „Nein, das ist nett. Aber ich möchte lieber mit Herrn Walter sprechen. Oder ist sonst jemand für den Einkauf zuständig?"

Gespräch 2:

Firma: „Medienagentur Meier, Margot Huber, guten Tag"

Herr Schwertfeger: „Hallo Frau Huber, mein Name ist Peter Schwertfeger. Ich habe einen Computerservice und möchte Sie gern als Kunden gewinnen. Ihre Kollegin am Empfang sagte mir, dass ich am besten mit Herrn Walter spreche."

Frau Huber: „Herr Walter ist momentan in einer Besprechung. Worum geht es denn genau?"

Herr Schwertfeger: „Ich betreue als externer Computerfachmann die Netzwerke in kleineren Firmen, also neue Software für alle einspielen, weitere Computer installieren und einrichten, Sicherheitskopien erstellen und natürlich Wartung und Fehlerbehebung."

Frau Huber: „Hm. Ich weiß nicht. Wir haben nicht so gute Erfahrung mit externen Computerleuten gemacht. Darum überlegen wir uns momentan, jemanden dafür einzustellen."

Herr Schwertfeger: „Oh! Das habe ich von anderen Kunden leider auch schon gehört, dass die mit anderen Computerleuten reingefallen sind. Welcher Art waren die schlechten Erfahrungen?"

Hier ist der Sachverhalt eindeutig, Sie sehen, dass ein Gespräch eigentlich gleichen Inhalts einen völlig anderen Verlauf nehmen kann, je nachdem, ob Frau Huber ernst genommen wird oder nicht.

Im ersten Gespräch wird der klassische Fehler gemacht: Herr Schwertfeger versucht, um die Sekretärin herumzukommen. Das ist unhöflich und ungeschickt. Glauben Sie, dass Frau Huber sich nach dem Gespräch gut fühlen und ihrem Chef von dem Anrufer positiv berichtet wird?

Im zweiten Gespräch ist die Grundaussage sehr schnell klar: Brauchen wir vermutlich nicht. Trotzdem kann Herr Schwertfeger in ein angenehmes Gespräch einsteigen, es ist alles offen. Man nimmt ihm ab, dass er wirklich interessiert ist, und gleichzeitig hält er keineswegs damit hinter dem Berg, dass er anruft, um etwas („sich") zu verkaufen.

In diesem zweiten Gespräch macht Herr Schwertfeger zudem nicht den Fehler, sofort gegenzureden oder für sich und seinen tollen Service zu werben. Stattdessen fragt er zunächst näher nach – zum einen, weil er ehrlich interessiert ist, zum anderen, weil er Frau Huber auf diese Weise aktiv ins Gespräch einbeziehen kann. Und schließlich erfährt er jetzt, welches die Bedenken gegen seine Beauftragung sein werden, und kann danach zielgerichtet argumentieren.

Gesprächsende

Denken Sie immer daran, respektvoll mit der Zeit Ihres Gesprächspartners umzugehen. Es ist zwar wichtig, in Ruhe und ohne Hektik zu telefonieren, gleichzeitig dürfen Sie aber bitte nicht Ihrem Gesprächspartner „das Ohr abknabbern". Auch wenn dies umgekehrt der Fall sein sollte, behalten Sie die aktive Gesprächsführung in der Hand:

◆ Bedanken Sie sich für die Zeit und das (informative und/oder freundliche – je nachdem, was tatsächlich zutrifft) Gespräch.

◆ Fassen Sie am Ende des Gespräches zusammen, wie es weitergeht: Was wurde vereinbart? Wer ist am Zug? Womit? Bis wann?

Wichtig: Fragen Sie an dieser Stelle, wenn Sie es noch nicht getan haben, unbedingt noch nach dem vollständigen Namen (Vor- und Zuname) und der Schreibweise und stellen Sie sicher, dass Sie die vollständigen Kontaktdaten haben.

6.3   Follow-up: Die Reaktion auf ein Gespräch

Mit dem Gespräch haben Sie nun entweder:
- ◆ ein Angebot oder eine weitere Information zu erstellen,
- ◆ einen Termin vereinbart,
- ◆ darüber gesprochen, dass momentan kein Bedarf besteht und Sie sich zu einem späteren Zeitpunkt wieder melden möchten,
- ◆ eine andere Ansprechperson innerhalb des Unternehmens genannt bekommen,
- ◆ eine Absage, aber eine Empfehlung an ein anderes Unternehmen erhalten
- ◆ oder eine Absage erhalten.

Wichtig ist, dass Sie zeitnah das Besprochene erfüllen.

Wenn Sie merken, dass Ihnen noch Informationen fehlen oder Sie vergessen haben, eine Frage zu stellen oder ein Thema anzuschneiden, dann scheuen Sie sich nicht, noch einmal anzurufen oder z.B. per E-Mail nachzufragen.

Bearbeiten Sie jedes Gespräch immer komplett zuende:
- ◆ Notieren Sie alles Wichtige,
- ◆ erfassen Sie die Kontaktdaten oder Gesprächsinformationen,
- ◆ setzten Sie bestimmte Informationen in Ihrem Kalender auf Wiedervorlage,
- ◆ legen Sie einen Vorgang an der richtigen Stelle ab
- ◆ und werfen Sie Informationen, die Sie sicher nicht mehr brauchen werden, direkt weg.

Wichtig ist natürlich, dass Sie sich eine für Sie sinnvolle Organisation aufbauen, die Ihnen erlaubt, Ihre bisherigen Akquisebemühungen nachzuvollziehen. Ansonsten besteht die Gefahr, dass Sie eine Person zweimal anrufen, ohne dies zu wissen.

Nun noch ein paar Worte zur Absage: Es ist ganz klar: Sie werden immer wieder mal einen Korb bekommen, insbesondere natürlich bei der Kaltakquise. Die Gründe dafür sind vielfältig:

◆ man benötigt Ihre Leistung (momentan) nicht
◆ man findet Sie nicht überzeugend genug
◆ es ist kein Budget vorhanden
◆ man macht „es" lieber selbst innerhalb des Unternehmens
◆ Sie wirken zu teuer oder zu billig
◆ man arbeitet bereits mit jemandem zusammen, der Ihre Leistung ebenfalls bietet
◆ die Chemie stimmt nicht etc.

Wenn Sie einen Ablehnungsgrund konkret erfahren, können Sie – wenn es ein Grund ist, der in Ihrer Person begründet ist – an Ihrer Vorgehensweise feilen und sich verbessern. Auf einige Gründe haben Sie jedoch keinen Einfluss.

Überlegen Sie sich einmal generell, wie Sie mit Absagen umgehen, und beantworten Sie sich die folgenden Fragen: Gehen Sie schnell in die Defensive? Reden Sie sich Sachen schön? Geben Sie schnell anderen die Schuld? Wirft eine Absage Sie zurück oder sehen Sie sie als „zum Business zugehörig" an und arbeiten aktiv weiter? Bedenken Sie:

Nur wer beharrlich ist und geplant und zielgerichtet am Ball bleibt, wird erfolgreich sein und bleiben.

Auch bei einer Absage können Sie den Kontakt gut abschließen oder halten. Machen Sie das aber immer individuell und persönlich:

Bedanken Sie sich z.B. für ein besonders interessantes/freundliches Gespräch und legen Ihre Visitenkarte bei.
Oder schreiben Sie einen individuellen Brief, in welchem Sie zum Ausdruck bringen, wie schade es ist, dass Sie momentan wohl nicht zusammen kommen, und dass Sie sich gern später wieder melden.

Auf den Punkt gebracht:

◆ Stellen Sie sich mit dem Telefon auf guten Fuß: Wenn Sie sich beim Telefonieren bereits wohl fühlen – wunderbar. Wenn Sie hingegen hinsichtlich Telefon/Telefonakquise eher skeptisch sind, hinterfragen Sie Ihre Gründe und Vorbehalte.

◆ Nehmen Sie an Kommunikations- und Telefontrainings teil, das kann man nie genügend üben und lernen. Dies gilt auch für Leute, die gern telefonieren und sich für gut halten.

◆ Telefonieren Sie mit jemandem, den Sie kennen – und bitten Sie um konkretes Feedback zu Ihrer Wirkung, zur Stimme, zum fachlichen Eindruck, zum Eingehen auf das Gespräch bzw. den Gesprächspartner und zu Ihrem aktiven oder reaktiven Verhalten.

◆ Nutzen Sie das Telefon kontinuierlich für die Neukundenakquise und ebenso dafür, bestehende Kontakte zu pflegen.

◆ Denken Sie daran: „Wer fragt, führt das Gespräch".

7 Schriftliche Akquise

**Worte sind ein starkes Akquisewerkzeug –
wenn sie richtig genutzt werden.**

7.1 Firmenpräsentation

Ob Sie einen professionell gedruckten Imageprospekt haben
oder einfach ein selbst gemachtes, sauber gedrucktes Faltblatt
(auf gutem Papier und in dezentem Farbton) nutzen, hängt von
Ihrem Budget ab.

> Wenn Sie erst seit kurzem selbstständig sind oder gerade
> starten, dann empfehle ich Ihnen, nicht sofort eine Firmen-
> darstellung professionell drucken zu lassen.

Erfahrungsgemäß verändert sich in den ersten Monaten der
Selbstständigkeit das Angebot, das eigene Profil bildet sich erst
richtig heraus.

Eine gute Möglichkeit für eine schöne Eigenpräsentation ist eine Mappe in Ihrer Unternehmensfarbe oder auch einfach einzelne Blätter (auf hochwertigem Papier). Diese können Sie
durch außergewöhnliche Details „aufmotzen", z.B. besonders
geformte Büroklammern.
Auch Standard-Mappen aus dem Schreibwarenhandel sind absolut in Ordnung – wählen Sie hier jedoch auf jeden Fall stabi-
les Material, damit die Mappe nicht beim Versand Macken
bekommt oder beim ersten Angreifen Knicke oder Fingerab-
drücke aufweist.
Nutzen Sie (unter Beachtung der Portokosten) besondere For-
mate. So gibt es beispielsweise von den üblichen Klippmappen
auch ein A5-Format. Das sieht man nicht so oft und kann dadurch positiv auffallen.

Übrigens ist es auch hier immer empfehlenswert, eine Visiten-karte beizulegen. Denn wenn auch Ihre Unterlagen im Papier-korb landen, weil aktuell kein Bedarf besteht, so kann es gut sein, dass man Ihre Karte dennoch behält (zur Visitenkarte später mehr).

Ihre Firmenpräsentation kann enthalten:

- ein Deckblatt mit Firmenname, -kurzbezeichnung und Ihren vollständigen Kontaktdaten
- Ihre Produktpalette bzw. Ihr Leistungsspektrum, ruhig auf mehrere Seiten aufgeteilt. Beachten sollten Sie hier:
  - formulieren Sie kurz und aussagekräftig
  - im Zweifel: weniger Schrift pro Seite, sonst sieht alles zu vollgepackt aus
  - arbeiten Sie viel mit Gliederungspunkten, sodass die einzelnen Informationen sofort ins Auge stechen und schnell zu erfassen sind.
- Ihre Firmenphilosophie: Was ist Ihnen bei Ihrer Arbeit wichtig?
- Ihr Kurzprofil
- Referenzen oder Aussagen zufriedener Kunden (um Erlaubnis fragen!)
- Arbeitsproben (wenn sinnvoll)
- ein vorbereitetes Rückfax oder eine Postkarte, mit der man unkompliziert nähere Informationen erfragen kann

Zu der Firmenpräsentation gehört natürlich ein persönlicher Begleitbrief, in dem Sie sich vorstellen.

Wenn Sie eine eigene Internetseite haben und davon auszugehen ist, dass Ihre Zielgruppe sich auch im Internet bewegt, dann können Sie sich natürlich in puncto Eigenpräsentation voll auf Ihre Website verlassen. Das ist vielen Geschäftsleuten heutzutage ohnehin lieber, weil man unkompliziert an alle wichtigen Informationen kommt. Wie Sie Ihre Internetseite aktiv für Ihre Akquise nutzen, erfahren Sie im nächsten Kapitel.

Tipps zum Texten

Wenn Sie sich schwer tun mit Texten und Formulieren, haben Sie die Wahl: Sie lernen es selbst oder Sie beauftragen einen professionellen Texter. Die Investition lohnt sich.

Hier einige grundsätzliche Tipps:

Konzentrieren Sie sich auf eine Hauptaussage!

Versuchen Sie nicht, verschiedene Informationen bzw. Ziele in einem einzigen Brief unterzubringen. Da der Platz eng wird, bleiben Sie sonst zwangsläufig an der Oberfläche. Beschränken Sie sich auf eine Hauptinformation und stellen Sie diese klar und aussagekräftig in den Mittelpunkt.

Vor dem weißen Blatt Papier ...

Wenn ich ein Mailing beginne, schreibe ich direkt auf meiner Briefvorlage und beginne mit einer Testadresse, dem Datum, einem provisorischen Betreff und der Anrede. Damit ist die erste Hürde genommen: Das Blatt ist nicht mehr leer, sondern sieht schon aus wie das spätere Mailing.

Zunächst das Gerüst

Schreiben Sie ganz spontan drauflos, kümmern Sie sich zunächst nicht um Satzbau, Formulierungen und genaue Inhalte. Wenn Sie von Anfang an druckreif schreiben wollen, bremsen Sie sich aus und blockieren. Wichtig ist, dass Sie erst mal das Gerüst zu Papier bringen. Formulieren, umstellen und feilen können Sie anschließend.

„Der Wurm muss dem Fisch schmecken ...

... und nicht dem Angler", so heißt ein schönes Sprichwort. Bei Mailings besteht die Gefahr, dass Selbstständige nur aus ihrer Sicht schreiben und den Empfänger aus den Augen verlieren. Deshalb prüfen Sie Ihren Entwurf hinsichtlich der Formulierung:

◆ Spreche ich den Empfänger an oder schreibe ich nur aus meiner Perspektive (z.B. „Ich biete" oder „Sie erhalten")?

◆ Habe ich aussagekräftige Informationen und Nutzen genannt oder mich auf oberflächliches „Werbegeplapper" („eine Innovation, die Sie haben müssen") beschränkt?

Ist die Sprache lebendig?

Die Formulierung ist entscheidend:

◆ Aktiv statt Passiv verwenden
Statt: „In einem persönlichen Gespräch werden die Vorteile deutlich" (= Passiv) besser: „Gern informiere ich Sie im persönlichen Gespräch über die Vorteile" (= Aktiv)

◆ nicht zu viele Substantive in einen Satz
Statt: „Es wäre schön, wenn Sie einen Besuch auf der Messe in Betracht ziehen" besser: „Bitte besuchen Sie mich an meinem Stand ABC auf der Messe XY"

◆ keine Endlossätze bauen, lieber mehrere kurze Sätze (das verringert auch die Gefahr von Kommafehlern)

Lesen Sie sich Ihr Mailing laut vor.

Können Sie die Sätze gut lesen? Oder müssen sie mehrmals zwischendrin Luft holen und stolpern selbst über Ihre Formulierung? Beim lauten Lesen merken Sie außerdem schnell, ob es Ihnen gelungen ist, so zu schreiben wie Sie auch sprechen, oder ob Sie gestelzt oder geschäftsmäßig-distanziert klingen.

Auf den Punkt kommen

Für ein gutes Mailing ist es wichtig, dass Sie aussagekräftig sind, aber Ihre Empfänger nicht zulabern.

Lesen Sie Ihren Entwurf am Schluss noch einmal mit dem Ziel durch, alles Überflüssige zu streichen.

Sie werden staunen, was an Einleitungen, Nebensätzen oder unnötigen zusätzlichen Wörtern vorhanden ist – und wie Ihr Brief davon profitiert, wenn Sie ihn von Überflüssigem befreien.

7.2 Gute Mailings

Das Pro und Contra zu Mailings ist vielfältig:

„Mailings bringen eh nichts, jeder ist überschwemmt mit Werbebriefen."
„Ich schicke immer nur per Post, weil ich nicht telefonieren mag."
„Meine Response-Quote ist ziemlich hoch: Ein Viertel meldet sich immer."
„Die Briefe wirklich individuell zu formulieren ist so arbeitsaufwändig ..."

Jeder kennt wohl den mit Werbepost vollgestopften Briefkasten – das meiste davon wandert mehr oder weniger unbeachtet gleich in die Rundablage.
Tatsächlich sind aber gut gemachte Mailings nach wie vor ein hilfreiches Akquise-Tool – wenn dieses Werkzeug richtig genutzt wird.

Gute Mailings von Selbstständigen
◆ gehen an eine sorgfältig ausgewählte Zielgruppe,
◆ sind komplett recherchiert, was die Kontaktdaten (Vor- und Zuname des Entscheiders) und das Unternehmen und dessen Leistungen angeht,
◆ bieten interessante Neuigkeiten bzw. Angebote für den Empfänger,
◆ kommen aussagekräftig auf den Punkt (kein Marketing-geplapper),
◆ verraten dem Empfänger auch etwas über die eigene Person (z. B. Motivation, für das Unternehmen zu arbeiten, auf was man selbst Wert legt, wie man „ist" ...),
◆ sind „normal" geschrieben und nicht distanziert/gestelzt/geschäftsmäßig,
◆ machen es dem Empfänger leicht, an weitere Informationen zu kommen bzw. Kontakt aufzunehmen,
◆ sind fehlerfrei!

Gute Mailings sind immer qualitativ sorgfältig und individuell formuliert.

Das ist zwar aufwändig, aber Sie haben mehr davon, ein Mailing an zwanzig gut recherchierte Firmen zu schicken als einen lieblosen Serienbrief, der an 200 Adressen geht und durch seine Allgemeinheit verpufft.

Dazu kommt, dass jedes Mailing nur dann was bringen kann, wenn Sie nachtelefonieren. Also niemals einfach nur einen Brief schicken, und das war's dann. Senden Sie also immer nur die Anzahl von Briefen los, die Sie unter Rücksicht auf Ihren Berufsalltag nach einigen Tagen auch verlässlich weiterverfolgen können (mehr zum Telefonieren in Kapitel 6).

Arbeiten Sie im Business-to-Business-Bereich, also für Geschäftskunden, ist das Internet eine hervorragende Quelle für Sie, um an Adressen und Ansprechpartner zu kommen. Vor allen Dingen aber erfahren Sie aus dem jeweiligen Unternehmensauftritt bereits Details über den potenziellen Kunden, die Sie aufgreifen können. Auf diese Weise schneiden Sie die Inhalte noch individueller auf den Empfänger zu. Das beste Mailing ist das, was wie ein individueller Brief wirkt.

Sie brauchen dabei gar nicht um den Brei herumreden und zu verstecken, dass es sich um Akquise handelt. Im Gegenteil: Es ist sogar vorteilhaft, wenn Sie klar zum Ausdruck bringen, dass Sie gerne für das Unternehmen tätig werden möchten. Der Kern Ihres Anliegens sollte übrigens immer bereits aus dem Betreff hervorgehen. Gab es zuvor bereits einen persönlichen, telefonischen oder schriftlichen Kontakt, empfiehlt es sich, diesen auch bereits in den Betreff zu schreiben: Auf diese Weise erhält er mehr Aufmerksamkeit.

Coaching und Training für Ihre Bauleiter
unser Telefongespräch vom xx. Monat

Nehmen Sie immer direkt auf bisherige Kontakte Bezug! Ich erlebe es leider häufig, dass Selbstständige zuvor ein ausführliches Telefongespräch führen und wenn sie gebeten werden, Unterlagen einzureichen, nur einen Standardserienbrief versenden. Erinnert sich Ihr Ansprechpartner an das Gespräch, wird er sich wundern oder sogar befremdet darüber sein, dass Sie so tun als gab es den Kontakt nicht. Kann er spontan mit Ihrem Brief nichts anfangen, vergeben Sie die Möglichkeit, ihn daran zu erinnern und gehen in der allgemeinen Werbepost unter.

Ein weiterer guter Aufhänger für Akquisebriefe sind Beobachtungen, die Sie als Kunde machen, oder die regional passieren. Ein sehr schönes Beispiel ist eine Kundin von mir. Sie ist selbstständige Floristin und geht mit offenen Augen durch die Gegend. Auf diese Weise hat sie schon mehrere Aufträge an Land gezogen, etwa, weil ihr aufgefallen ist, dass das örtliche Hallenbad recht dröge und immer gleich dekoriert ist. Sie hat das Hallenbad daraufhin auf die Möglichkeiten aufmerksam gemacht, dass mit wechselhafter floraler Dekoration der Wellnessbereich sehr viel attraktiver gestaltet werden könnte, wie ihre Leistung aussehen und was das für das Image und die Kundenzahlen des Bades bedeuten würde.

Ein andermal hörte sie, dass in einigen Monaten im Zentrum ihrer Heimatstadt ein neues Ärztehaus eröffnen wird und setzte sich mit dem Hausverwalter in Verbindung, um über die Dekoration der Hausflure und allgemein genutzten Wartebereiche zu sprechen. Auch hier bekam sie den Auftrag, zum einen natürlich, weil Sie überzeugend war, zum anderen aber auch weil sie durch ihr Engagement frühzeitig genug dran war.

Auch Layout und Gestaltung spielen eine große Rolle. Denn diese entscheiden darüber, ob:
◆ man Ihren Brief lesen möchte
◆ alle Informationen, die Sie vermitteln möchten, auch ankommen
◆ man Sie als sorgfältig und kompetent erlebt

Das mag überzogen scheinen, und doch erzielen unästhetisch aufgeteilte, unübersichtliche oder kompliziert formulierte Briefe eben auch eine bestimmte Wirkung und reflektieren dadurch – ob Sie das möchten oder nicht – auch auf Ihre Person.

Ein übersichtlicher Brief gibt dem Text Raum und setzt einzelne Argumente voneinander ab. Hinsichtlich der Länge gibt es kein „Gesetz": Die Devise heißt „auf den Punkt kommen". Ein gutes Mailing beschränkt sich daher in den meisten Fällen auf eine A4-Seite.

Wenn Sie mehr zu sagen haben oder um einfach ein schöneres Gesamtbild zu erreichen, nutzen Sie ruhig eine zweite Seite.

Denken Sie unbedingt auch an das Porto: Die Größe und der Umfang (das Gewicht) Ihrer Sendung ist ein wesentlicher Faktor, wenn Sie oft Mailings verschicken.

Informieren Sie sich bei der Post über Sonderkonditionen und besondere Versandarten. Wägen Sie jedoch gut ab, ob Sie günstigere Werbesendungstarife in Anspruch nehmen möchten oder ob es sich nicht lohnt, bei Ihrem Empfänger als „regulärer Brief" anzukommen.

7.3   Interessante Angebote

Auch ein Angebot – unaufgefordert oder auf Anfrage abgegeben – ist aktiver Bestandteil Ihrer Akquise. Sie können ein Angebot lediglich auf die Fakten beschränken, Sie können es aber auch proaktiv für sich nutzen.

Ausschlaggebend dafür, wie wirkungsvoll Ihr Angebot ankommt, ist:
◆ die Präsentation,
◆ die Inhalte (verständlich, aufgeschlüsselte Einzelposten),
◆ die Individualität ,

◆ die klare Benennung Ihrer Bedingungen (kein „Kleinge-drucktes", keine versteckten Überraschungen),

◆ ein persönliches Anschreiben.

Kurzprofil

Sofern Sie mit einem Empfänger noch nicht zu tun hatten, fügen Sie Ihrem Angebot auch ein Kurzprofil bei mit wichtigen Informationen zu Ihrem Background und Ihrer Person, um Ihre fachliche Kompetenz und Erfahrung zu unterstreichen.

Achten Sie jedoch darauf, dieses Kurzprofil nicht künstlich aufzublähen, um (vermeintlich) mehr Eindruck zu schinden. Beschränken Sie sich auf die relevanten großen Bausteine. Wer alle möglichen kleinen Fortbildungen aufführt, gerät schnell in den Verdacht, nur „heiße Luft" zu produzieren.

Foto

Auch ein Foto ist vorteilhaft, weil Sie hiermit direkt eine persönliche Ebene schaffen können. Wenn Sie sich wohl fühlen damit, dass Ihr „Kopf" aktiver Teil Ihrer Akquise ist, dann investieren Sie aber bitte unbedingt in eine professionelle Fotosession.

Oft nutzen Selbstständige Standardvordrucke für ihre Angebote. Und das ergibt natürlich durchaus Sinn: Vorlagen im Computer oder Textbausteine erleichtern die Arbeit enorm. Wie an anderer Stelle schon betont, ist es jedoch wichtig, dass Sie jeden Brief so personalisieren, dass er nicht den Touch eines Serienbriefes hat.

Aussagekräftiger Inhalt

Achten Sie bei der Formulierung Ihres Angebotes auch darauf, aktiv auf den Interessenten einzugehen.

Ein Angebot, das lediglich nüchtern ein paar Posten auflistet, vergibt Chancen, wie das folgende Beispiel zeigt:

Ein Webdesigner bietet an:

Erstellung einer Website:
Design: 250 Euro zzgl. MwSt.
Startseite: 100 Euro zzgl. MwSt.
jede weitere Seite: 80 Euro zzgl. MwSt.
Bilderscan: nach Aufwand/pro Stunde 50 Euro zzgl. MwSt.

Er könnte stattdessen auch besser formulieren:

Gern unterstütze ich Sie bei Ihrem erfolgreichen Internetauftritt:
Design Ihrer Website
(zwei verschiedene Vorschläge): 250 Euro zzgl. MwSt.
Startseite: 100 Euro zzgl. MwSt.
jede weitere Seite nur: 80 Euro zzgl. MwSt.
Enthalten ist außerdem der Eintrag in die gängigsten Suchmaschinen.

Gern übernehme ich auch den Scan von Bildern für Ihre Website:
nach Zeit/pro Stunde 50 Euro zzgl. MwSt.

Viele Selbstständige scheuen sich, klare Preise zu nennen, insbesondere wenn es um Dienstleistungen geht. Eine mögliche
Begründung liegt darin, dass man die zu erbringende Leistung
individuell kalkulieren möchte und dafür zunächst nähere Informationen zu Art und Umfang benötigt.
Ein anderer Grund ist aber der, dass man nicht wegen des Prei-
ses sofort abgelehnt werden möchte. Das ist zwar nachvollziehbar, aber versetzen Sie sich mal in die Lage des Empfän-
gers: Dem nutzt ein Angebot ohne Preisangaben so gut wie gar
nichts.

> Der Preis ist – neben Ihren Leistungen und Angaben zu
> Ihrer Person – das entscheidende Kaufkriterium.

Geben Sie deshalb immer einen Preis an:
◆ Wenn Sie pro Stunde abrechnen, können Sie den Stunden-
satz angeben und informieren, wie Sie den Aufwand einschätzen. Je nach Leistung können Sie Beispiele nennen.

◆ Wenn dies nicht sinnvoll ist, geben Sie alle Informationen, die möglich sind, und geben Sie an, welche Angaben Sie für ein individuelles Angebot brauchen.

Geben Sie auch etwaige Zusatzkosten immer deutlich und separat an.

Ein Büromöbellieferant verlangt für Anreise und Aufbau separate Pauschalen. Diese müssen deutlich sichtbar mit angegeben sein. Es hat niemand etwas dagegen, dass Extra-Service auch extra kostet (auch wenn das möglicherweise Ziel von Verhandlungen sein wird), ärgerlich wird es jedoch, wenn mit einem Service groß geworben wird („Wir liefern bis in Ihr Büro!") und dann irgendwo ganz klein steht, dass das extra den Betrag X kostet.

Wenn die Erfahrung zeigt, dass bestimmte Zusatzleistungen immer wieder angefragt werden, ist es sinnvoll, diese Zusatzleistung grundsätzlich mitanzubieten.

Ein Webdesigner gibt ein Angebot für die Programmierung einer Seite ab. Da er weiß, dass das Einscannen von Bildern oft angefragt wird, weist er diesen Posten direkt separat aus. So weiß der Interessent, dass der Webdesigner sich auch um das Scannen kümmert und zu welchen Konditionen.

Im Alltag werden mittlerweile Angebote oft per Fax oder E-Mail übermittelt. Das ist absolut in Ordnung. Beachten Sie bei einem E-Mail-Angebot jedoch:
◆ Verwenden Sie eine Standard-Schriftart (z.B. Arial, Times New Roman), die der Empfänger auf seinem Computer sicher installiert hat, sonst wird möglicherweise Ihr Layout zerstört, wenn die Schrift durch eine andere ersetzt wird.
◆ Wählen Sie ein Dateiformat, das der Empfänger sicher öffnen kann.
◆ Das Angebot muss virenfrei sein (aktueller Virenscanner).

Empfehlenswert ist das PDF-Format. Das Dokument wird so angezeigt, wie Sie es erstellt haben (Layout, Schriften und Bilder bleiben erhalten) und es kann nicht verändert werden.

Allerdings wird dafür der Acrobat Reader zum richtigen Anzeigen der Datei benötigt. Dieser kann kostenfrei im Internet heruntergeladen werden.

> Wenn Sie sich neu vorstellen oder wenn es sich um ein für Sie wichtiges Angebot handelt, empfehle ich Ihnen allerdings nach wie vor den Postweg.

7.4 Anzeigen schalten

Die Bandbreite von Werbeanzeigen reicht von einem Eintrag in einem Adressbuch bis hin zu großformatigen Anzeigen beispielsweise in U-Bahn-Waggons.

Insbesondere dann, wenn Sie regional tätig sind, lohnt sich für Sie der Eintrag in Adressbücher. In den meisten Adressbüchern ist ein normaler Standardeintrag kostenfrei, Sie können Einfluss nehmen, unter welchem Stichwort Sie geführt werden.
Darüber hinaus werden größer gedruckte Einträge, Betonungen (Fettdruck etc.) oder Zusatzangaben (z.B. Internetadresse) angeboten. Auch gestaltete Anzeigen sind möglich. Eine gestaltete Anzeige kann sich durchaus lohnen:

Die Besitzerin eines Computerspieleladens in München hat kein großes Werbebudget, entscheidet sich jedoch für eine gestaltete Anzeige im lokalen Branchenbuch „Die Münchener". Es gibt nur eine Hand voll weitere Computerspieleläden und so hat sie gute Chancen, durch eine ausführlichere Anzeige Kunden anzuziehen. Diese Rechnung geht auf: Es melden sich oft gezielt Leute aufgrund dieser Anzeige.

Bei Anzeigen in einer häufig erscheinenden Publikation sollten Sie beachten, dass eine einzelne Anzeige nicht unbedingt sinnvoll ist, denn auch der Wiedererkennungswert spielt für den Erfolg einer Anzeige eine Rolle.

Sehen Sie sich die Publikation, in der Sie eine Anzeige schalten möchten, gut an und rechnen Sie sich verschiedene Varianten durch. Möglicherweise ist es sinnvoller, mehrmals eine Viertelseite zu buchen als ein Mal eine ganzseitige Anzeige.

> Wichtig: Bevor Sie eine Anzeigenschaltung veranlassen, lesen Sie immer das Kleingedruckte bzw. informieren Sie sich genau über die Konditionen.

Manchmal gibt es Buchungen, die sich bei Nichtreaktion automatisch verlängern. So etwas ist natürlich extrem ärgerlich.

Bevor Sie eine Anzeige schalten, sollten Sie sich auch noch einmal grundsätzlich Gedanken über Ihr konkretes Ziel machen:

◆ Möchten Sie eine so genannte Imageanzeige machen, also allgemein auf Ihr Business hinweisen und Ihre Produktpalette/Ihre Leistungen kurz vorstellen?
◆ Möchten Sie eine bestimmte Leistung oder ein bestimmtes Produkt/eine Aktion vorstellen?

Wenn Sie eine Publikation ausgewählt haben, die Ihre Zielgruppe erreicht, dann sollten Sie sich

◆ die Publikation vorher genau ansehen und fragen, inwiefern Sie auf die Platzierung Ihrer Anzeige Einfluss nehmen können,
◆ für den Fall, dass Ihre Anzeige mit mehreren anderen auf einer Seite abgebildet wird: die allgemeine Aufmachung solcher Seiten anschauen und überlegen, wie Sie sich von anderen Anzeigen optisch abheben können, z.B. durch
  – Negativdruck (der Text ist Weiß auf Schwarz und lenkt somit die Aufmerksamkeit auf sich),
  – ein Foto/eine Grafik,
  – einen Rahmen,
  – leere Fläche um Ihren Text,
  – eine Zusatzfarbe.

Stellen Sie niemals Selbstverständlichkeiten als Pluspunkt heraus. „Zuverlässigkeit" wird bei einer Fachkraft genauso vorausgesetzt wie „Kompetenz".

7.5 PR/Öffentlichkeitsarbeit

Häufig werden Pressearbeit und Werbung in einen Topf geworfen – ein gefährlicher Fehler. Denn bei der Pressearbeit geht es um redaktionell interessante Informationen; Meldungen, die lediglich werbemäßige Eigenlobhymnen sind, will niemand hören.

Redaktionell interessant sind bespielsweise **praktische Inhalte** (ein Trainer gibt Tipps zur Konfliktlösung, ein Verkäufer gibt generelle Hinweise, was beim Erwerb einer Sache zu beachten ist), ein **neues Produkt**/eine **neue Leistung** (konkrete Beschreibung und Einsatzmöglichkeiten).

Gute Pressearbeit kann bewirken,
◆ dass Ihre Mitteilung, wenn die Information interessant ist, gedruckt wird, und zwar ohne dass Ihnen für den Abdruck Kosten entstehen (im Gegensatz zur Anzeige),
◆ dass diese Mitteilung in der Regel mehr beachtet wird, da es sich um einen redaktionellen Beitrag handelt,
◆ dass Sie viele Leser in Ihrer Zielgruppe erreichen, wenn Sie Ihren Verteiler gut ausgewählt haben.

Hin und wieder kommt es vor, dass Publikationen sich melden und nur gegen Bezahlung Ihren Text abdrucken wollen oder gegen eine „Kostenbeteiligung". Wägen Sie ab, ob Sie das möchten. Ich persönlich bin seit jeher gut damit gefahren, die Akquisetätigkeiten strikt zu trennen: Bei Pressemeldungen bezahle ich nichts, bezahlte Werbemaßnahmen wähle ich vorher sorgfältig aus. Auch Hinweise, dass eine redaktionelle Meldung erscheint, wenn als Gegenleistung eine Anzeige gebucht wird, lehne ich prinzipiell ab. Aber wie gesagt: Überlegen Sie sich im Einzelfall, welches Vorgehen für Sie sinnvoll ist.

Insbesondere kleinere regionale Publikationen und Fachzeitschriften sind oft sehr dankbar über redaktionell gut aufgearbeitete Info-Berichte.

Einen Presseverteiler erstellen

Wenn Sie Ihre Zielgruppe analysiert haben (vgl. Kapitel 4), dann können Sie sich nun gezielt auf die Suche nach vielversprechenden Publikationen machen. Überlegen Sie, mit welcher Publikation Sie Ihre Zielgruppe am besten erreichen – denken Sie dabei daran, dass Sie eventuell unterschiedliche Zielgruppen für unterschiedliche Ziele ansprechen.

Ein Masseur spricht direkt Endkunden an, bietet gleichzeitig jedoch einen mobilen Massageservice für Firmen an.

Wichtig ist es, konkret zu werden, allein der Hinweis „Endkunde" oder „Firma" nützt nichts. Setzen Sie bei Ihrer Zielgruppe entsprechende Schwerpunkte.

Vielleicht stellt sich der Masseur vor, dass Unternehmen aus der Medienbranche besonders offen für seinen Service sein werden. Dann wird er bei den entsprechenden Fachpublikationen nach Werbung, Marketing, Fernsehen etc. Ausschau halten.
Gezielte Werbung für Endkunden könnte sich beispielsweise an Führungskräfte wenden. In dieser Zielgruppe ist meist ein hoher Grad an Anspannung vorhanden und man leistet sich eher einen Masseur, weil das Einkommen höher ist.

Das konkrete Vorgehen könnte sich z.B. folgendermaßen gestalten:

◆ Schritt 1: Gehen Sie anhand Ihrer Zielgruppe die vorhandenen Publikationen durch.
Denken Sie an Zeitungen, Zeitschriften, Fachpublikationen und Verbandszeitschriften. Besuchen Sie hierfür einen Fachzeitschriftenladen am Hauptbahnhof oder am Flughafen, dort ist ein sehr breites Angebot an Fachpublikationen

einsehbar. Auch in Bibliotheken können Sie sich informieren und vor Ort Kontaktdaten notieren.

Nutzen Sie außerdem das Internet: Unter anderem mit Hilfe von Suchmaschinen finden Sie dort eine Menge interessanter Einträge, beispielsweise auch Datenbanken für Fachpublikationen, bei denen Sie auf Knopfdruck eine Liste einschlägiger Zeitschriften erhalten (vgl. Webtipps im Anhang).

◆ Schritt 2: Recherchieren Sie nicht nur die Redaktionsadresse, sondern auch den richtigen Ansprechpartner – inklusive Ressort, Vor- und Zunamen der zuständigen Person.

Dies können Sie über die Internetseite der Publikation meist schnell herausfinden oder aber einfach durch einen Telefonanruf. Wie an anderer Stelle bereits erwähnt, gibt es auch Adressbücher mit aktuellen Kontaktdaten, inklusive Personendaten.

◆ Schritt 3: Legen Sie sich im Computer eine spezielle Presse-Datenbank an.

So können Sie eine Pressemitteilung schnell per Serienbrief-Funktion erstellen.

Die Pressemitteilung

Generell sollten Sie bei einer Pressemitteilung Folgendes beachten:

◆ Achten Sie auf eine ansprechende Form. Lassen Sie Platz auf dem Papier, schreiben Sie eventuell mit eineinhalbzeiligem Abstand, damit sich der Empfänger Notizen machen kann.

◆ Wählen Sie einen aussagekräftigen Betreff, aus dem der Kern der Information hervorgeht. Tabu sind Werbeplappereien wie „Das Beste auf dem Markt" und Nichtssagendes wie „Wichtige Information"

◆ Kommen Sie auf den Punkt. Vermeiden Sie leere Werbefloskeln. Ideal ist es, wenn Sie Ihre Pressemitteilung so formulieren, dass sie bei Interesse einfach übernommen werden kann.

◆ Bauen Sie die Pressemeldung so auf, dass Sie von Absatz zu Absatz mehr in Details gehen. Das Wichtigste muss immer ganz oben stehen. Ziel dahinter ist, dass Ihre Mitteilung in jeder beliebigen Länge gedruckt werden kann. Es muss möglich sein, Ihre Presseinformation nach jedem Absatz „abzuschneiden", ohne dass wichtige Informationen verloren gehen.

Sehen Sie sich hierfür einmal eine normale Agenturmeldung an, etwa von dpa oder AP. Dort sehen Sie das Prinzip sehr klar vorgemacht.

◆ Fügen Sie der Presseinformation auch ein Kurzprofil über Ihr Unternehmen bei. Halten Sie unbedingt auch dort die Grundsätze „kurz, aussagekräftig, das Wichtigste oben, weitere Details in Folgeabsätzen" ein.

◆ Außerdem sollten Sie deutlich eine Ansprechperson (in diesem Fall Sie) und die Kontaktdaten nennen.

◆ Vielleicht handelt es sich bei der Pressemeldung auch um ein Projekt, das Sie für einen Ihrer Kunden realisiert haben, sodass eventuell auch dort eine Ansprechperson genannt werden soll. Stellen Sie in diesem Fall klar, welche Funktion die genannten Personen haben bzw. über welche Aspekte sie nähere Auskünfte geben können.

Mittlerweile gibt es auch einige Service-Seiten im Internet. Diese geben nicht nur Tipps zu erfolgreicher Pressearbeit, sondern dienen auch als Portal für Journalisten, d.h., man kann dort Pressemeldungen online einstellen und spart sich den Versand.

Achtung: Es gibt leider auch Service-Seiten im Internet, bei denen automatische Pressemeldungen generiert werden. Man gibt Eckdaten zum Unternehmen und der Leistung/dem Produkt ein und aus diesen Basisinformationen wird dann automatisch eine Meldung erstellt. Damit hätten Sie zugegebenermaßen weniger Arbeit, dafür erhalten Sie aber eben auch nur einen generischen Werbetext.

Selbst Artikel schreiben

Wenn Sie gern und gut schreiben, können Sie sich auch mit eigenen Artikeln hervortun – entweder in Fachzeitschriften oder natürlich in Publikationen, die Ihre Zielgruppe liest. Wichtig ist, dass Sie hier mit Information und Ihrer Kompetenz in Vorlage treten. Wie gesagt: Reine Werbetexte druckt niemand – und wenn, dann hätten Sie damit trotzdem keinen besonderen Effekt.

Wenn Sie jedoch gute Tipps und Informationen geben und damit Ihre Kompetenz beweisen, wenden sich Interessenten gern an Sie. Und es macht auch für Ihre eigenen Werbezwecke Eindruck, wenn Sie bereits Artikel veröffentlicht haben.

Für den Autorennachweis gibt es im Wesentlichen zwei Varianten: Manche Publikationen drucken gern Artikel aus der Praxis – als Gegenleistung werden neben dem Autorennamen auch das Unternehmen und Kontaktdaten gedruckt. Andere Publikationen entlohnen Sie wie andere Fachautoren: Sie erhalten ein Honorar, in der Regel wird jedoch lediglich Ihr Name als Autorennachweis genannt, nicht aber Ihr Unternehmen.

Wägen Sie jeweils ab, was für Sie interessanter ist. Denken Sie nicht nur an die direkte Ansprache Ihrer Zielgruppe, sondern auch an den guten Werbeeffekt, den Sie durch eine Veröffentlichung Ihrer Unternehmensdaten erzielen können.

Sie sollten sich jedoch nur für das Schreiben eigener Artikel entscheiden, wenn

◆ Sie gut schreiben, verständlich und gut formulieren können,

◆ es Ihnen leicht fällt, Artikel zu schreiben,

◆ Sie sorgfältig abgewogen haben und sicher sind, dass diese Form der Öffentlichkeitsarbeit lohnenswert für Sie ist.

Häufig höre ich von Selbstständigen, dass sie gern auch Bücher schreiben möchten: Natürlich ist ein Fachbuch ebenfalls eine sehr gute Möglichkeit, die eigene Kompetenz zu unterstreichen. Doch es ist wichtig, dass Sie Ihre Fähigkeiten und Ihren Aufwand kritisch einschätzen, denn reich werden Sie durch das Schreiben eines Buches nicht (es sei denn, Sie schreiben einen Bestseller).

Das bedeutet, mit dem Schreiben gehen Sie in Vorleistung. Wenn Sie also die Zeit dafür schaffen möchten und sich leicht tun mit dem Schreiben, dann machen Sie sich an die Arbeit und schlagen Sie Ihre Buchidee einem Verlag vor.

Sich als Experte etablieren

Eine weitere gute Möglichkeit positiv aus der Masse hervorzutreten ist, sich der Presse als Experte und damit als Interviewpartner vorzustellen. Hierbei kommt es natürlich auf Ihr Fachgebiet an. Grundsätzlich suchen Journalisten immer Fachleute, die Tipps und Erfahrungen weitergeben, um ihre Artikel praxisnah zu gestalten und durch „O-Töne", also Zitate und Beispiele, lebendiger zu machen.

Bitte beachten Sie unbedingt: Auch hier ist keine unmittelbare Werbung gefragt. Es wird in der Regel keinerlei Gegenleistung geben außer der, dass der eigene Name genannt wird. Wenn Sie Glück haben, auch Ihr Firmenname und der Ort. Wenn Sie noch mehr Glück haben, dann sogar eine Kontaktmöglichkeit. Der Normalfall ist jedoch lediglich die Berufsbezeichnung und der Name.

Vorteile ergeben sich ähnlich wie bei den selbst verfassten Artikeln: Wenn Sie in den Medien zitiert werden, erscheinen Sie gleich noch kompetenter und „wichtig". Denn natürlich wird nicht jeder in Publikationen genannt.

Außerdem können Sie diesen Effekt wieder für Ihre Eigenwerbung nutzen, d.h. in Ihren eigenen Medien über Ihre Veröffentlichungen berichten.

Machen Sie sich zunächst ein Bild über die Zeitungs- und Zeitschriftenlandschaft und wählen Sie Publikationen aus, von denen Sie glauben, dass diese themenmäßig zu Ihrem Fachgebiet passen. Nehmen Sie dann – am besten schriftlich – Kontakt auf zur Redaktion und stellen Sie sich aussagekräftig vor.

> Wenn Sie Statements für einen Beitrag gegeben haben, bitten Sie den Journalisten darum, Ihnen vorab die ausgewählten Zitate zu zeigen.

Natürlich ist es nicht möglich, den Artikel/die Zitate komplett zu verändern und umzuschreiben – es geht lediglich darum, dass Missverständnisse ausgeräumt werden. Gute Journalisten machen das gern und sind sogar dankbar dafür.

Wenn Sie sich als Interviewpartner etablieren wollen, ist es wichtig, dass Sie

◆ sich dessen bewusst sind, dass Sie in Vorleistung mit Informationen treten,
◆ damit rechnen, möglicherweise nur kurz, vielleicht sogar mit einem nichtssagenden Zitat abgedruckt zu werden,
◆ wirklich etwas zu sagen haben,
◆ in der Regel schnell reagieren können, also für spontane oder zeitnahe Telefoninterviews oder kurze E-Mail-Interviews zur Verfügung stehen.

Auch hier sollten Sie jedoch unbedingt vorab prüfen, ob sich diese Form der Öffentlichkeitsarbeit überhaupt für Sie lohnt und ob Sie Zeit und Energie darin investieren möchten.

Übrigens: Keine Angst vor der Bezeichnung „Experte". Damit sind Medien schnell bei der Hand. Sie sind vom Fach und kennen sich in Ihrem Bereich aus. Das reicht aus, um „Experte" zu sein. Verwechseln Sie das bitte nicht mit dem Anspruch, eine Kapazität auf Ihrem Gebiet zu sein.

Auf den Punkt gebracht:

◆ Die schriftliche Akquise gibt Ihnen die Möglichkeit, mehr potenzielle Kunden zu erreichen und für sich zu werben, als das nur mit persönlichen Kontakten möglich wäre.

◆ Es ist wichtig, verkäuferisch zu formulieren, ohne klischeehaft und dampfplauderisch zu wirken. Wenn Sie sich schwer damit tun, in eigener Sache zu texten, dann besuchen Sie einschlägige Kurse oder beauftragen Sie einen professionellen Dienstleister.

◆ Auch bei der schriftlichen Akquise ist Kontinuität wichtig.

◆ Schriftliche Akquise-Aktionen wie Mailings sind erfolgreicher, wenn Sie sie mit persönlichen Elementen abrunden, also etwa nach einem Mailing auch telefonieren („Follow-up").

◆ Beachten Sie bei Werbemaßnahmen immer etwaige Berufsvorschriften. So sind beispielsweise die Werbemöglichkeiten von Rechtsanwälten und Ärzten besonderen Vorschriften unterworfen.

◆ Bringen Sie, gerade als Einzelunternehmer, immer Ihre Person mit in den Vordergrund!

8 Akquise per Internet

Nutzen Sie das World Wide Web: Online auf Kundenfang

Das Internet ist, wenn Sie es aktiv für sich nutzen, ein kraftvolles Akquisewerkzeug, für das Sie nicht einmal unbedingt Geld aufwenden müssen: Zeit und Energie sind vollkommen ausreichend. Mit dem Internet eröffnen sich Ihnen viele neue Möglichkeiten.

So war es früher beispielsweise nicht gut möglich, Kunden zu akquirieren, die geografisch weit entfernt waren. Mittlerweile ist für viele Leistungen und Waren die örtliche Entfernung kein Thema mehr.

Ein Coachingunternehmen spezialisiert sich auf Online-Medien. Neben E-Mail-Coachings bietet es auch Kurse per Internet an. Dadurch können Kunden nicht nur in ganz Deutschland erreicht werden, sondern sogar im Ausland.

Das Internet kann Ihnen viele manuelle Tätigkeiten abnehmen – und natürlich auch Kosten sparen. Mit einer gut gemachten Internetseite kann man per Post verschickte Werbemittel einschränken oder gar völlig ersetzen.

> Voraussetzung ist natürlich, dass Sie eine klare Vorstellung davon haben, welche Zielgruppe Sie ansprechen und welche Ziele Sie erreichen möchten.

Nachfolgend die wichtigsten Tipps für Ihre Akquise im Netz.

8.1 Die eigene Homepage

Mittlerweile wird die eigene Website bei Firmen so gut wie vorausgesetzt. Wenn Sie sich für eine eigene Internetseite entscheiden, sollten Sie dabei einige Dinge beachten, die im Folgenden näher besprochen werden.

Die Wahl des Namens

Achten Sie bei der Wahl Ihrer Internetadresse darauf, dass man sich den Namen gut merken kann, dass er einen Bezug zu Ihrem Namen oder zu Ihrer Leistung hat. Und berücksichtigen Sie auch mögliche Schreibfehler-Fallen!
Tipp: Sie können auch mehrere Domainnamen reservieren und auf dieselbe Website schalten lassen.

Achtung: Provider und Werbung

Für Ihre eigene Website brauchen Sie einen so genannten Webhost, d. h. ein Unternehmen, auf dessen Internetserver Ihre Daten bereitliegen. Die Kosten für das Webhosting sind vollkommen unterschiedlich. Es gibt auch kostenfreie Provider. Diese finanzieren sich dann jedoch über Fremdwerbung.

> Für eine professionelle Website sollten Sie auf keinen Fall einen Provider mit Werbung benutzen.

Investieren Sie in einen zuverlässigen Provider. Achten Sie bei der Auswahl nicht nur auf die Kosten. Wichtiger ist, dass die Server stabil laufen und dass Sie sicher sind, dass Sie jemanden dort erreichen können und schnelle Reaktion erfolgt, wenn etwas einmal nicht funktioniert.

Suchmaschinen und Webverzeichnisse

Stellen Sie sicher, dass Ihre Website auch gefunden wird. Hierfür sind Suchmaschinen und Webverzeichnisse wichtig. Auf Ihrer Internetseite müssen relevante Suchbegriffe suchmaschinengerecht hinterlegt werden (so genannte meta tags). Anschließend müssen Sie den Such-Seiten sagen, dass es Ihre Seite gibt. Dazu rufen Sie die entsprechende Website auf. Jetzt

müssen Sie nur noch die entsprechende Funktion anklicken („URL anmelden" oder „Website eintragen").
Bei reinen Suchmaschinen reicht es in der Regel aus, die Webadresse einzugeben. Bei Verzeichnissen müssen Sie außerdem selbst auswählen, unter welcher Rubrik Ihre Website eingetragen werden soll.

Bedenken Sie aber: Der reine Suchmaschineneintrag reicht nicht aus, um eine Website aktiv zu promoten. Natürlich ist es wichtig, auch über Suchmaschinen gefunden zu werden. Dennoch werden Sie im Internet nur dann erfolgreich mit der Akquise sein, wenn Sie Ihre Homepage aktiv ins Gespräch bringen und kontinuierlich bewerben.

Die Wirkung Ihrer Website

Ob Ihre Internetseite positiv für Sie wirkt und überzeugt, hängt von mehreren Aspekten ab. Eine wichtige Rolle spielen:

◆ das Layout,
◆ die Gestaltung (auch: Farben),
◆ der sinnvolle Aufbau, eine gute Benutzerführung
◆ und natürlich die Inhalte.

Prinzipiell spricht nichts dagegen, dass Sie Ihre Internetseite selbst machen. Entsprechende Software, die leicht zu erlernen ist, macht es möglich, auch ohne tiefe HTML-Kenntnisse eine ordentliche Website zu erstellen und sie eigenhändig zu pflegen.

Überlegen Sie jedoch immer, ob Sie wirklich die nötigen Kenntnisse und Fähigkeiten (auch: das Auge dafür!) haben und ob es überhaupt sinnvoll ist, die eigene Zeit dafür zu verwenden.

Wenn Sie nicht wirklich sicher sind, dass Ihr Ergebnis (oder das eines Bekannten) einwandfrei sein wird, dass Ihr Unternehmen also professionell und überzeugend dargestellt wird, dann investieren Sie in einen professionellen Dienstleister, auch wenn der vielleicht teurer ist. Lassen Sie sich hier Referenzseiten zeigen und vergleichen Sie mehrere Angebote. Eine gute Möglichkeit ist es auch, die Website professionell erstellen zu lassen und diese dann in Eigenregie zu aktualisieren.

> Entscheidend ist, dass Ihr Internetauftritt Ihrem sonstigen Unternehmensauftritt entspricht: Sie müssen sowohl optisch als auch inhaltlich eine Einheit darstellen.

positiv	negativ
klare Navigation/Benutzerführung	unklare, verwirrende Struktur
stets aktuelle Inhalte	veraltete Inhalte, z.B. durch Aktualisierungsdatum, abgelaufene Termine, überholte „Neuigkeiten" etc.
immer auf die Kernkompetenz bezogen	Vermischung von privat (z.B. Fotos) und Beruf
Zusatzservice, wenn sinnvoll	Werbebanner, die nichts mit dem eigenen Geschäft zu tun haben
interaktive Medien (Forum, Chats, Umfragen etc.), wenn sie aktiv genutzt und gepflegt werden	Foren, Gästebücher etc., die nicht genutzt und gepflegt sind
klares Leistungsspektrum	Bauchladen-Touch
stimmiges Layout	zu viele Animationen: überall bewegt sich was
schnell aufbauende Seiten	lange Ladezeiten, etwa durch zu große Bilder
Beachtung rechtlicher Vorschriften (z.B. Impressum)	Urheberrechtsverletzungen, z. B. geklaute Bilder
bei mehrsprachigen Versionen: von Profi übersetzt (ideal: Muttersprachler)	Verwendung fremder Sprachen, nur weil es „schick" ist

Do's und Dont's bei der Firmenwebsite

Damit Besucher (wieder)kommen

Eine gute professionelle Internetseite bietet den Besuchern
- ◆ ein klares Bild und aussagekräftige Informationen über das Unternehmen und dessen Leistungen,
- ◆ Angaben zu Ablauf und auch Konditionen,
- ◆ mehrere Kontaktmöglichkeiten (und schnelle Reaktionszeiten!),
- ◆ Zusatznutzen (Informationen/Tipps für Neukunden, spezieller Servicebereich für bestehende Kunden, eventuell passwortgeschützt),
- ◆ eine schnelle Übersicht, was neu ist (insbesondere wenn die Seiten regelmäßig aktualisiert und ergänzt werden).

Beachten Sie jedoch: Die Internetseite darf kein Selbstzweck werden:

Verlieren Sie niemals das eigentliche Ziel Ihrer Website aus den Augen: Aufträge bekommen.

Wenn Sie sich das vor Augen halten, dann können Sie auch immer schnell entscheiden, welche Inhalte Sie neu aufnehmen möchten. Fragen Sie sich:
- ◆ Was ist für (potenzielle) Kunden interesssant?
- ◆ Wen spreche ich an?
- ◆ Was will ich erreichen?
- ◆ Was ist mir wichtig?

Den Aktualisierungsaufwand im Griff haben

Bei der Planung Ihrer Website ist es wichtig, dass Sie
- ◆ Aufwand,
- ◆ Nutzen,
- ◆ Ressourcen
immer im Blickfeld behalten.

Natürlich kann man die Website ständig mit aktuellen Inhalten bestücken, für Termine und Veranstaltungen werben und die

Inhalte so lebendig halten. Das hat jedoch nur Sinn, wenn der Aufwand in einem akzeptablen Verhältnis zum Nutzen steht. Und wenn Sie selbst – zeitlich und finanziell – in der Lage sind, sich um die Aktualisierungen zu kümmern.

Übernehmen Sie sich nicht. Fangen Sie lieber klein an und promoten Sie zunächst Ihre Website und Ihre Leistungen aktiv, bevor Sie zu viele betreuungsintensive Inhalte einbauen, die Sie Zeit und Geld kosten und die sich darüber hinaus noch als Schuss ins Knie erweisen, wenn Sie den Erfordernissen nicht nachkommen können. Erweitern können Sie später immer noch, wenn es Sinn ergibt.

Wichtig: Konzipieren Sie Ihre Inhalte so, dass sie nicht veralten, formulieren Sie so, dass Zeit keine Rolle spielt:

Geben Sie kein „Zuletzt aktualisiert"-Datum an, wenn Sie die Website nicht ständig aktualisieren. Nennen Sie Ihr Geburtsdatum anstatt Ihres Alters. Stellen Sie aktuelle Termine nur dann ein, wenn Sie sie sofort nach Ablauf löschen oder aktualisieren.

Newsletter

Ein E-Mail-Newsletter ist prinzipiell eine gute Möglichkeit, im Gedächtnis zu bleiben, aktiv für die eigenen Leistungen zu werben und einen Zusatznutzen zu bieten. Bedenken Sie jedoch: Nur wenn wirklich Nutzen für den Empfänger geboten ist, kommt ein Newsletter gut an, denn Internetnutzer sind überschwemmt von Newslettern aller Art. Ein reiner Werbebrief in eigener Sache bringt nichts – außer Verärgerung.

Nur wenn Sie
◆ das richtige Maß an Tipps und Informationen versus Eigenwerbung einhalten,
◆ ihn regelmäßig verschicken (Intervall sorgfältig überlegen),
◆ sich ständig um neue Abonnenten bemühen
◆ und ihn keinesfalls ungefragt versenden,
kann ein Newsletter ein schönes Akquisewerkzeug sein.

Achten Sie beim Verschicken darauf, dass die E-Mail-Adressen der Empfänger nicht für alle sichtbar sind.

Nutzen Sie idealerweise eine richtige Mailingliste anstelle eines manuellen E-Mail-Programms (vgl. Webtipps im Anhang).

8.2 E-Mail aktiv nutzen

Unabhängig davon, ob Sie eine eigene Website haben, nutzen Sie bestimmt E-Mail für Ihre Korrespondenz. Aber nutzen Sie die Möglichkeiten, die Ihnen E-Mails bieten, auch wirklich aus?

Die E-Mail-Adresse

Generell gibt es zwei Varianten:
◆ die E-Mail-Adresse für Ihre eigene Website,
◆ eine Mailadresse über einen Drittanbieter.

Viele Web-Provider bieten mittlerweile auch reine Internetvisitenkarten an. Das bedeutet, Sie haben keine ausführliche Website, sondern lediglich einen Domainnamen (= eine individuelle Webadresse) und die Möglichkeit, dort auf einer Seite Ihre Kontaktdaten zu hinterlegen.

Wenn Sie E-Mail geschäftlich nutzen, ist die Wirkung auf jeden Fall professioneller, wenn Ihre Mailadresse individuell ist und nicht etwa von einem Freemail-Anbieter. Tipp: Wenn Sie eine eigene Webadresse haben, dann sollten Sie diese allerdings auch nutzen. Häufig begegnen mir Selbstständige, die zwar eine E-Mail-Adresse mit ihrem Domainnamen haben, jedoch mit einer t-online-Adresse (o.Ä.) mailen. Bedenken Sie:

Ihre individuelle E-Mail-Adresse ist die beste Werbung für Ihre Internetadresse.

Egal, wem Sie E-Mails schicken bzw. wo im Internet Sie aktiv Ihre E-Mail-Adresse hinterlassen (Foren, Gästebücher etc.): Man kann direkt Ihre Internetadresse herauslesen und sich näher informieren. Nutzen Sie diese Nebenbei-Werbung für sich.

Die Signatur

Jeder kennt den Anhang, der gerade bei geschäftlichen E-Mails am Ende der Nachricht erscheint und der die Kontaktdaten oder Zusatzinformationen enthält. Der Begriff dafür ist „Signatur".
Bei jedem E-Mail-Programm sollte es möglich sein, eine solche Signatur (oder auch mehrere) fest einzugeben und standardmäßig oder auf Knopfdruck einzufügen.

Eine komplette Signatur sollte enthalten:
- ◆ Firmenname
- ◆ Kurzbeschreibung des Unternehmens (Was macht das Unternehmen?)
- ◆ Vorname/Name des Absenders
- ◆ ggf. Position/Abteilung
- ◆ Telefon, ggf. Fax
- ◆ Web-Adresse („URL")
- ◆ E-Mail-Adresse
- ◆ für das Unternehmen gesetzlich vorgeschriebene Pflichtangaben

Mit Wirkung zum 01.01.2007 wurden einige Bestimmungen zu Geschäftsbriefen geändert und unter anderem konkretisiert, dass gewisse Pflichtangaben für Geschäftsbriefe explizit auch für E-Mail-Korrespondenz gelten, also in die Signatur mit aufgenommen werden müssen.

Diese Pflichtangaben gelten für Einzelkaufleute, Personenhandelsgesellschaften, GmbHs, Aktiengesellschaften, Partnergesellschaften und Genossenschaften. Nicht betroffen sind Freiberufler, GbRs und Einzelunternehmer, die keine Kaufleute sind. Diese müssen prüfen, ob sie Pflichtangaben haben, die sich aus anderen Vorschriften ergeben, z. B. nach § 15b GewO (Namensangabe im Schriftverkehr).

Zu den Pflichtangaben gehören:
◆ Angaben zu Sitz und Rechtsform der Gesellschaft
◆ Benennung des zuständigen Registergerichts mit Handelsregisternummer
◆ Nennung der Vorstandsmitglieder bzw. Geschäftsführer, des Vorsitzenden des Aufsichtsrates

Wenn diese Pflichtangaben nicht enthalten sind, kann es zu Abmahnungen kommen. Details können Sie im Internet oder bei den für Sie zuständigen Berufsverbänden oder Kammern erfragen.

Tipp: Wenn Sie Internetadressen angeben, schreiben Sie das „http://" mit dazu, also nicht nur „www.firmenname.de", sondern „http://www.firmenname.de". Die Adresse wird durch diese Schreibweise bei den meisten E-Mail-Programmen als klickbarer Link dargestellt.

Achten Sie darauf, dass Ihre Signatur nicht einen unpersönlichen Serienbrief-Touch bekommt. Dies ist dann der Fall, wenn man den Namen bzw. gar die Grußformel fest in die Signatur eingibt. Je nach Gestaltung fällt das sofort auf und ein Empfänger kommt sich nicht wirklich gegrüßt vor.

Um Ihre Signatur übersichtlich zu gestalten und deutlich abzusetzen vom Resttext, können Sie ruhig Linien, Punkte oder Sterne nutzen. Aber: Sofern Sie für ein Unternehmen tätig sind bzw. mehrere Partner für dieselbe Firma tätig sind, muss beachtet werden, dass auch die Signatur unter das Corporate Design fällt und einheitlich gestaltet werden sollte.

```
****************************************************
```
Gitte Härter
objektiv. Management & Lebensqualität
St.-Cajetan-Straße 10, 81669 München
Tel. (089) 36 10 78 47
Fax (089) 40 90 69 63
E-Mail: gitte@selbstmarketing.de

http://www.selbstmarketing.de
Coaching und Training für Business & Karriere, Online-Tipps

Aktuelle Kurse:
http://www.selbstmarketing.de/termine

```
****************************************************
```
Beispiel für eine Signatur

Per E-Mail aktiv Werbung machen

So nahe liegend der Gedanke ist, anstelle regulärer Mailings
einfach E-Mails zu verschicken – es gibt Tücken! Unerlaubte
Werbung per E-Mail nimmt Ihnen der Empfänger nicht nur
übel, sondern kann auch rechtliche Konsequenzen nach sich
ziehen. Viele Unternehmen wissen gar nicht, dass bereits eine
einzige unerlaubt zugesandte Werbemail problematisch ist.
Werbung per E-Mail ist nur dann zulässig, wenn der Empfänger ausdrücklich sein Einverständnis erklärt hat oder aber ein
Geschäftsverhältnis besteht (z. B. ein Kunde hat sich grundsätzlich bereit erklärt, künftig Informationen zu erhalten).

Verabschieden Sie sich also von dem Gedanken, massenweise
Werbemails zu verschicken. Darunter fallen auch Werbemails,
die als Empfehlung oder Newsletter ausgegeben werden.

Das Knüpfen neuer Kontakte per E-Mail, individuell verfasste
Anfragen oder auch Kooperationsangebote hingegen sind na-

türlich erlaubt. Achten Sie in solchen Fällen jedoch immer darauf:

- ◆ die richtige Ansprechperson für Ihr Anliegen zu erfragen und direkt anzusprechen (und nicht an allgemeine info@-Adressen senden);
- ◆ bereits den Betreff aussagekräftig halten, so dass der Empfänger sofort erfasst, worum es geht
- ◆ konkret zu werden (z.B. bei Anbieten einer Zusammenarbeit konkret benennen, was Sie sich vorstellen);
- ◆ kurz und aussagekräftig formulieren, nur relevante Informationen zu geben
- ◆ Ihre E-Mails im Texformat zu verschicken (nicht jeder möchte oder kann HTML-gestaltete E-Mails empfangen, oft wird das aus Sicherheitsgründen sogar abgeschaltet)
- ◆ aktive, selbst ausführende Elemente in E-Mails (also etwa, dass sich automatisch eine Website öffnet) sind tabu! Das ist nicht nur eine Sicherheitsfrage, sondern es zwingt Empfänger auch gleich etwas auf – kein guter erster Eindruck!

Verzichten Sie generell auf unnötige Dateianhänge! Die Chancen, dass Ihre E-Mail aufmerksam gelesen wird, erhöhen sich, wenn Sie alle wichtigen Informationen klar und deutlich in den E-Mail-Text schreiben. Sie können zusätzliche Angaben machen, indem Sie auf Ihre Website verweisen oder aber indem Sie einzelne, relevante Inhalte beifügen, etwa ein zweiseitiges Kurzprofil.

Halten Sie angehängte Dokumente immer kurz und übersichtlich. Ein weit verbreitetes Übel sind mehrseitige Powerpoint-Präsentationen, die sich durch einen Wust an Seiten auszeichnen, aber meist nur wenig Informationen liefern.

Für E-Mail-Anhänge gilt außerdem:
- ◆ Wählen Sie ein gängiges Dateiformat, für das der Empfänger kein extra Programm braucht (auch wenn es dieses irgendwo kostenfrei herunterzuladen gibt).

◆ Formatieren Sie Ihre Anlagen immer so, dass sie vom Empfänger problemlos und sauber ausgedruckt werden können (also beispielsweise nicht die Seitenränder zu schmal einstellen, da das dazu führen kann, dass der Drucker des Empfänger nicht alles auf eine Seite bekommt). Setzen Sie die Seitenumbrüche sauber, damit nicht mitten im Satz auf die neue Seite gewechselt wird. Sofern Sie Dateianhänge nicht als PDF versenden (wo das Layout quasi „festgeschrieben" ist), sollten Sie Standardschriftarten wie Arial, Times, Courier nutzen, da Schriften, die der Empfänger nicht installiert hat, automatisch durch eine andere ersetzt werden und dadurch Ihr Layout verschoben werden kann. Das sieht im unglücklichen Fall schlampig aus und fällt negativ auf Sie zurück.

◆ Achten Sie auf vertretbare Dateigrößen. Nicht jeder kennt sich mit dem PC gut aus, und so verschicken Selbstständige leider oft Dateien mit mehreren MB. Zu lange Ladezeiten entstehen meist durch unkomprimierte Bilder, verärgern den Empfänger und führen meist dazu, dass sofort der Löschknopf betätigt wird.

◆ Prüfen Sie alle ausgehenden Dateien immer mit einem stets aktualisierten Virenscanner! Kostenfrei erhältliche Virenscanner schneiden in Tests übrigens meistens sehr schlecht ab und sind nicht sicher genug. Investieren Sie einige Euro in ein gutes Virenschutzprogramm.

Für einen Vorstellungsbrief per E-Mail gelten natürlich alle Tipps, die für ein gutes Mailing auch gelten (s. S. 94 Tipps zum Texten und S. 96 Gute Mailings).

Beachten Sie auch: Das Internet beschleunigt die Reaktionszeiten.

Wenn man Sie also per E-Mail kontaktiert, müssen Sie schnell reagieren.

Wenn Interessenten/Kunden keine Reaktion auf eine E-Mail bekommen, werden sie schnell ungeduldig. Sofern Sie abwesend sind, stellen Sie eine automatische E-Mail-Benachrichtigung ein: So erhält der Absender einer E-Mail sofort eine Information darüber, dass Sie derzeit nicht da sind und ab wann mit einer Antwort zu rechnen ist.

8.3 Andere Websites nutzen

Die Möglichkeiten, im Internet auf sich aufmerksam zu machen, sind vielfältig. So richtig erschließen können Sie diese Wege, wenn Sie eine eigene Website haben und auf Ihre Seite verlinken lassen.

Online-Communities

Interaktive Internetgemeinschaften, so genannte Communities, gibt es im Netz reichlich. Und auch Branchenkollegen bzw. Ihre Zielgruppe treffen sich auf einschlägigen Websites. Als aktiver Teilnehmer in einer solchen Community, etwa bei Frage-Foren, können Sie Ihre Kompetenz unter Beweis stellen und Kontakte knüpfen. Aber: Wichtig ist, dass Sie dieses Forum nicht dazu nutzen, andere mit Werbung zuzuschütten.

Eine erfolgreiche Akquise in Communities klappt nur dann, wenn Sie auch bereit sind zu geben, also mit Tipps und Informationen in Vorleistung gehen.

Communities für Zielgruppen, die für Sie relevant sind, können Sie am besten über Suchmaschinen (z.B. Google) recherchieren oder über entsprechende Branchenseiten (dortige Linkempfehlungen).

Marktplätze

Viele branchenspezifischen Webseiten bieten virtuelle Marktplätze an. Oft ist der Eintrag sogar kostenfrei, weil ein gut gefüllter Marktplatz natürlich auch den Mehrwert und Kunden-nutzen einer Site steigert.

Bei manchen Internetseiten fallen Kosten für einen Eintrag an, etwa wenn eine Verlinkung erstellt werden soll, die Möglich-keit einer Logo-Abbildung gegeben ist oder weitere Informa-tionen/zusätzliche Suchbegriffe angeboten werden.

Prüfen Sie in jedem Fall vor einem Eintrag sehr genau, ob die betreffende Website wirklich relevant für Sie ist. In den meis-ten Fällen sind Sie sicherlich mit kostenfreien Einträgen gut be-dient.

Aber auch ein kostenpflichtiger Eintrag kann sich lohnen, wenn die Website gut frequentiert ist. Lassen Sie sich hier aber nicht ausnehmen: Wenn eine sehr hohe Gebühr fällig wird, überlegen Sie lieber zweimal. Ich habe in vielen Jahren Interneterfahrung – beruflich wie privat – niemals für einen Eintrag viel bezahlt, trotzdem fallen mir immer wieder Seiten auf, die horrende Eintragsgebühren verlangen.

Bevor Sie sich entscheiden, recherchieren Sie lieber mehrere Websites, die interessant für Sie sind, und besuchen Sie diese über einen gewissen Zeitraum regelmäßig, um sich ein besse-res Bild zu machen.

Datenbanken

Auch Datenbanken werden häufig als Zusatzservice gestellt. Insbesondere Branchen- und Berufsverbände bieten die Gele-genheit, sich einzutragen. Manchmal ist ein Eintrag jedoch auch Mitgliedern vorbehalten.

Nutzen Sie diese Art der Werbung, auch wenn sich nicht un-mittelbar etwas daraus ergibt. Es schadet nichts, auf für Sie re-levanten Seiten präsent zu sein.

Content

Waren Mitte/Ende der 90er Jahre noch ganze Online-Redak-tionen am Werk, so hat sich die Entwicklung rasant geändert:

Mehr und mehr Websites gehen dazu über, sich Content (= Inhalte) kostenfrei zu besorgen.

Manche Internetseiten haben komplette Content Management Systeme (CMS), mit deren Hilfe ein Besucher seine Inhalte eigenständig einstellen kann; das Format wird dann dem der Website angepasst.

Als Gegenleistung für den kostenfreien Content (Artikel, Tipps etc.) erhält der Beitragende die Möglichkeit, sich und seine Leistung kurz vorzustellen und auf die eigene Website zu verlinken. Dadurch ist beiden Seiten gedient.

Eine andere Möglichkeit ist es, aktive Content-Kooperationen einzugehen (vgl. „Kooperationen").

Verlinkungen

Die Verlinkungsmöglichkeit ist einer der Hauptvorteile der Kundenakquise im Internet. Quasi auf Empfehlung stößt man auf immer neue interessante Internetseiten.

Viele Suchmaschinen arbeiten hierbei mit einer Art „Beliebtheitsrating": Websites, auf die häufig per Link verwiesen wird, werden als interessanter und wichtiger angesehen als andere und daher bei den Suchergebnissen weiter oben gelistet.

Dennoch ist nicht jeder Link ein guter Link. Achten Sie immer darauf, eine Website genau zu prüfen, bevor Sie um eine Verlinkung bitten, denn Sie möchten ja schließlich die richtige Klientel anziehen.

Umgekehrt sollten Sie bei Linktipps auf Ihrer eigenen Website genau untersuchen, wen Sie als Empfehlung weitergeben. Machen Sie sich bewusst: Jeder Link auf Ihrer Website wird als expliziter Tipp von Ihnen und Ihrem Unternehmen verstanden.

Gehen Sie niemals auf „Verlinkung auf Gegenseitigkeit" ein, wenn Sie von einer anderen Website nicht wirklich überzeugt sind.

Gleiches gilt für „Bannertausch" oder generell die Möglichkeit, zum Link ein Logo oder Werbebanner miteinzubauen.
Bei Werbebannern sollten Sie zudem immer darauf achten, dass die Gestaltung zur Seite passt und weder Layout noch Ladezeiten beeinträchtigt.

Kooperationen

Überlegen Sie sich, in welcher Form Sie sinnvolle Kooperationen eingehen können, beispielsweise mit Websites von Berufskollegen (mit gleichem oder ergänzendem Fachgebiet) oder mit Websites, deren Besucher genau Ihrer Zielgruppe entsprechen.

Sehen Sie sich die betreffenden Websites ausführlich an und überlegen Sie, was Sie zu bieten haben. Dies könnte sein:

◆ Das Liefern von Content (Artikeln/Tipps) gegen Hinweis auf Ihr Unternehmen und Link auf Ihre Website.

◆ Eine temporäre Aktion wie ein Expertenchat, bei dem Sie z.B. eine Stunde lang live für Fragen zur Verfügung stehen.

◆ Eine zeitlich begrenzte Aktion oder ständige Mitarbeit in einem Internetforum, das Sie moderieren oder in dem Sie phasenweise fachliche Fragen beantworten und Rat geben.

◆ Die aktive Mitarbeit auf fachspezifischen Seiten, etwa die Betreuung einer Mailingliste oder der aktive Austausch mit Leuten Ihres Faches.

Wichtig: Informieren Sie sich vor der Content-Lieferung genaustens über die AGB der betreffenden Website. Achten Sie beispielsweise darauf, dass

◆ Sie keinerlei Rechte abtreten;

◆ mit Lieferung Ihrer Inhalte nicht automatisch irgendwelche anderen Medien-Nutzungen erlaubt sind, ohne dass das vorher mit Ihnen abgestimmt wird;

◆ dass es keine Möglichkeit gibt, Ihre Inhalte ohne vorherige Absprache zu verändern.

Bezahlte Werbung

Natürlich können Sie sich auch überlegen, ob bezahlte Werbung im Internet für Sie sinnvoll ist:

Werbebanner auf einer zielgruppenrelevanten Website, Anzeige in einem Newsletter oder ein Link gegen eine monatliche oder jährliche Gebühr.

Nur, weil vieles im Internet kostenfrei ist, bedeutet das natürlich nicht, dass sich eine wohl überlegte Investition in dieser Richtung nicht lohnt.

Relevant ist die Klärung folgender Fragen:

◆ Ist die bezahlte Werbung vom zu erwartenden Ergebnis her sinnvoll für mich? (Garantien gibt es hier nie, die haben Sie auch bei einer Printanzeige oder einem Eintrag in den Gelben Seiten nicht.)

◆ Reicht mein Budget, um für diese Art von Werbung Geld auszugeben?

◆ Bin ich im Internet/per E-Mail überhaupt so aktiv, dass ich hier einen Schwerpunkt setzen möchte?

◆ Ist meine angestrebte Zielgruppe im Netz/auf dieser Internetseite vertreten, sodass ein Nutzen wahrscheinlich ist?

◆ Kann ich alternativ Zeit und Energie einsetzen, um qualitativ orientierte Akquise (z.B. Kooperationen forcieren, Content liefern ...) zu betreiben? Wenn Sie diese Frage mit „ja" beantworten, so können Sie die bezahlten Aktionen im Netz hintanstellen.

Wenn Sie sich für bezahlte Werbung/Links entscheiden, sollten Sie immer erst einige Versuchsballons starten, d.h. zunächst überschaubare Zeiträume buchen. Legen Sie sich keinesfalls ohne zu testen von vornherein für ein Jahr oder länger fest.

Auf den Punkt gebracht:

◆ Das Internet bietet umfassende Akquise-Möglichkeiten.

◆ Wer Zeit und Energie einsetzt, um kontinuierlich im Netz zu recherchieren und aktiv Eigenwerbung und Öffentlichkeitsarbeit zu betreiben, kann kostengünstig seinen Bekanntheitsgrad und Kundenkreis erweitern.

◆ Eine gut gemachte Internetseite mit interessanten Inhalten zieht nicht nur Neukunden an, sondern dient auch der Kundenbindung und Intensivierung des bestehenden Geschäftes.

◆ Recherchieren Sie regelmäßig, um sich mit interessanten Angeboten und relevanten Websites Ihrer Zielgruppe und Ihrer Branchenkollegen vertraut zu machen.

◆ Hängen Sie an jede E-Mail, die Sie verschicken, eine aussagekräftige Signatur mit Ihren kompletten Kontaktdaten, einem Hinweis auf Ihre Website (soweit vorhanden) oder aktuellen Informationen über Termine, Veranstaltungen, und Angebote.

◆ Beachten Sie rechtliche Vorschriften zu Pflichtangaben in der Signatur.

◆ Das Internet verlangt kurze Reaktionszeiten.

Literaturempfehlungen

Erfolgreich selbstständig:

Boress, A. S.: Jetzt brauche ich Aufträge. Heidelberg
Hofert, S.: Praxisbuch Existenzgründung. Erfolgreich selbstständig werden und bleiben. Frankfurt
Skambraks, J.: 30 Minuten für den überzeugenden Elevator Pitch. Heidesheim
Sonnenberg, G.: Kollege Ich. Die Kunst allein zu arbeiten. München

Verkaufen, verhandeln, Kundenbindung:

Härter, G.: Erfolgreich verhandeln – live (mit Hör-CD). Freiburg
Heeper, A./Schmidt, M.: Verhandlungstechniken. Berlin, 2008
Kenzelmann, P.: Kundenbindung. Berlin, 2008
Stöger, G. / Stöger, H.: Besser verkaufen mit Glaubwürdigkeit und Sympathie.

Geschäftserfolg im Internet:

Grede, A.: Texten für das Web. Erfolgreich werben, erfolgreich verkaufen. München/Wien.
Härter, G.: Wie Sie im Internet Kunden gewinnen. Berlin
Herbst, D.: Internet-PR. Berlin
Herbst, D.: E-Branding. Starke Marken im Netz. Berlin
Wirth, T.: Missing Links. Über gutes Webdesign. München/Wien, 2004

Vor anderen reden:

Gericke, C.: Rhetorik. Die Kunst zu überzeugen und sich durchzusetzen. Berlin, 2008

Kushner, M.: Erfolgreich präsentieren für Dummies. Weinheim

Stelzer-Rothe, T.: Vorträge halten. Berlin

Selbstmanagement:

Covey, S. R.: Die sieben Wege zur Effektivität. Heidesheim

Covey, S. R.: Der Weg zum Wesentlichen. Frankfurt

Felser, G.: Motivationstechniken. Berlin

Watzke-Otte, S.: Selbstmanagement. Erfolgsfaktoren beachten und systematisch nutzen. Berlin

Kommunikation & Networking:

Baum, T.: Die Kunst, freundlich Nein zu sagen.

Fey, G.: Kontakte knüpfen und beruflich nutzen. Regensburg

Härter, G. /Öttl, C.: Networking. Hamburg.

Schulz von Thun, F.: Miteinander reden. Band 1-3. Reinbek

Stöger, G. / Jäger, A.: Menschenkenntnis - der Schlüssel zu Erfolg und Lebensglück. Zürich

Topf, C.: Taschenguide Small Talk. Freiburg

Wolf, Dr. D. / Garner, A.: Nur Mut zum ersten Schritt. Mannheim

Webtipps

Online-Magazine/Infoseiten:

selbstmarketing.de (Website der Autorin mit Hunderten von Online-Tipps)
mwonline.de (ManagementWissen online)
zeitzuleben.de (Online-Ratgeber mit Hunderten von Artikeln)

Schreiben/Texten:

gergey.com – link „Konzentrate" (Texttipps)
checkliste.de (Checklisten zu allen möglichen Themen)
auma.de (Messedaten national und international)

Pressearbeit:

profikiosk.de (Fachzeitschriften online suchen)
pressrelations.de (Pressemitteilungen online veröffentlichen)
newsaktuell.de (Online-Presseservice)

Netzwerke/Experten-Plattformen:

wer-weiss-was.de
xing.de (früher: openBC)

Erfolgreich im Internet:

ideenreich.com (Tipps und Informationen für Webmaster)
online-marketing-praxis.de (Tipps zum Online-Marketing)
de.selfhtml.org (Online Tutorial zu HTML)
suchfibel.de (Tipps rund um Suchmaschinen)
profine.de (Newsletter- und Mailinglistenverzeichnis)
domeus.de (Newsletter- und Mailinglistenverzeichnis)

Stichwortverzeichnis